认清自己，理顺生活

马浩 著

中国广播影视出版社

图书在版编目（CIP）数据

认清自己，理顺生活 / 马浩著. -- 北京：中国广播影视出版社，2024.10. -- ISBN 978-7-5043-9277-0

Ⅰ．B821-49

中国国家版本馆CIP数据核字第2024EM2560号

认清自己，理顺生活

马　浩　著

责任编辑	王　佳　夏妍琳
装帧设计	刘红刚
责任校对	马延郡

出版发行	中国广播影视出版社
电　　话	010-86093580　010-86093583
社　　址	北京市西城区真武庙二条9号
邮　　编	100045
网　　址	www.crtp.com.cn
电子信箱	crtp8 @ sina.com
经　　销	全国各地新华书店
印　　刷	北京亚吉飞数码科技有限公司
开　　本	880毫米×1230毫米　1/32
字　　数	186（千）字
印　　张	8
版　　次	2024年10月第1版　2024年10月第1次印刷
书　　号	ISBN 978-7-5043-9277-0
定　　价	56.00元

（版权所有　翻印必究·印装有误　负责调换）

前言
PREFACE

古希腊哲学家苏格拉底说:"未经审视的人生不值得过。"这里的审视不只是对大千世界的审视,更是对自我人生的审视。学会认清自我,才能拥有把一地鸡毛的生活过得有滋有味的能力,才能翻山越岭,一步步奔赴理想的未来。

学会阅己,懂得悦己,是人生的必修课。本书将带你更好地认识自己、理解自己,从而理顺生活,告别混乱,提升幸福感。

首先,跟随本书走入自我的内心世界,聆听灵魂深处的声音,看见真实的自己,并通过内省逐步构建完整的自我世界。

其次,本书带你了解接纳自己、治愈自己的诸多方法和策略,帮助你摆脱原生家庭带来的伤痛和种种童年阴影,与不完美的过去和解;为你树立正确的爱情观,以爱之名,让自己变得更好;带你掌握人际交往的技巧,在与周边世界的碰撞中遇见全新的自己;让你建立清晰的边界感,做独立的个体;帮你稳住心态,与情绪和谐共处。

最后,本书向你讲解清醒自渡、取悦自己的要点和需要具备的能力,引领你去拥抱阳光,守住幸福,不畏变化,砥砺前行,勇攀高峰,不负韶华。

前言

  本书内容丰富，逻辑完整，用清丽的文字将认清自我、理顺生活的重要性及各种实用策略与你娓娓道来，希望你能从中汲取营养与力量，获得与逆境抗争的勇气，发现自我的独特光芒。

  人生如大海，起起落落都属常态。重要的是修炼强大的内心，静看花开花落，坐看云卷云舒。

  不妨翻开本书，开启一段全新的自我认识与提升之旅。愿你我，都能活出各自的精彩人生。

作者

目 录

CONTENTS

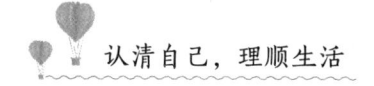

第一章　走进内心，认识自己

你真的认识自己吗　/ 005
构建自我的世界　/ 011
内省，看见真实的自己　/ 017

第二章　接纳自己，回归本真

接受平凡，现实里没有主角光环　/ 027
正视差距，看清能力的边界　/ 033
学会放弃，不是所有的梦都要实现　/ 039
拒绝标签，人生没有标准答案　/ 045
发挥优势，在擅长的领域发光　/ 049

第三章　自我救赎，与过去和解

来自原生家庭的爱与伤痛　/ 057
童年创伤是心理问题的诞生地　/ 063

目 录

家人的过错不是失败的借口　/ 069
积极改变,走出泥潭　/ 075

第四章　以爱之名,让自己变得更好

彼此欣赏,真爱是两个人的情投意合　/ 085
从"我"到"我们",如何在爱情中做自己　/ 091
理解和尊重是爱情的保鲜剂　/ 097
让爱延续,婚姻不是爱情的终点　/ 103

第五章　与世界碰撞,构建完整的自己

交付信任是人际交往的开始　/ 113
学会变通,世界不是非黑即白的　/ 119
可以被讨厌,不必刻意寻求认可　/ 123
心存善意,让自己成为有温度的人　/ 127

第六章　保持边界，做独立的个体

把握分寸，构建心理边界　/ 135
保持边界感，学会自我保护　/ 139
学会拒绝，捍卫自我权益　/ 145
尊重他人，包容世界的不同　/ 151

第七章　治愈自己，与情绪共处

摆脱自卑，停止自我否定　/ 161
如果迷茫，就在不断试错中寻找方向　/ 167
在孤独中沉淀自己　/ 173
焦虑是人生常态　/ 179
放平心态，人生不可能事事美好　/ 185

第八章　清醒自渡，做自己的摆渡人

身在谷底，黑暗的路往往要一个人走 / 193
聚散无常，人世的悲欢需要自己消化 / 199
自我约束，人要对自己负责 / 203
向上生长，生活不会辜负努力的人 / 209

第九章　取悦自己，不负人间

人生只有一次，去做想做的事 / 219
无畏改变，人生是不断起伏变化的 / 225
学无止境，让自己变得辽阔 / 231
山川湖海，总要去看看 / 237

参考文献 / 243

第一章

走进内心，认识自己

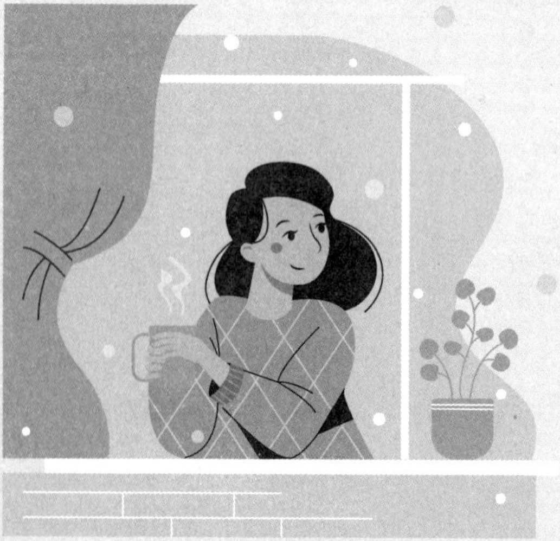

"自知者明，自胜者强。"生活中，我们往往强调要多去观察他人、了解他人，但很少低下头去审视自己的内心，真正地认识自我。事实上，认识自己比了解他人更富有意义，自知比知他更重要。一个人只有清醒地认识自我，聆听内心真实的想法，才能得到精神上的升华，从而在学会接纳自己的基础上，准确地找回人生航行的坐标和方向，卸掉生活的重压，轻装上阵，以积极的情绪和良好的心态，实现人生的发展，成为更好的自己。

你真的认识自己吗

你真的认识自己、了解自己吗?这样一个问题,也许在很多人眼中是不值一提的,因为在他们看来,没有人比自己更了解自己,然而实际上,大多数人未必对自己有全面深入的了解。

人贵有自知之明

有人曾询问印度著名诗人、诺贝尔文学奖获得者泰戈尔这样的问题:世界上什么事情最容易?什么事情最难?

泰戈尔回答说:"在这个世界上,指责别人最容易,认识自己是最难的。"

法国著名思想家蒙田也说:"人生最为重要的事情,就是要能清醒地认识自己。"

由此可知，人生在世，重在清醒地认识自我，对自己的能力、性情、理想追求等，都要有一个清晰明确的认识，不要轻易被他人的评价所迷惑。

战国时期，赵国有一个名叫赵括的人。

赵括是马服君赵奢的儿子，赵奢生前南征北讨，立下赫赫战功，是众人皆知的名将，而赵括从出生的那一天起，就被贴上了"将门虎子"的标签。

少年时期的赵括，也曾苦读兵书，积累了很多兵法韬略方面的理论知识。渐渐地，因为长期笼罩在名将之后的光环下，加上自认为对行军布阵十分了解，赵括每和外人闲聊就忍不住夸夸其谈，好似无所不知一般，由此被许多不明真相的人吹捧为当时赵国最懂领兵打仗的人。

对此赵括也沾沾自喜，内心越发膨胀起来。正巧秦国出兵攻打赵国，老将廉颇在前线和秦军抗衡，他老成持重，避敌锋芒，稳扎稳打，秦军劳师远征，久攻不下，战局陷入僵持阶段。

秦军为让赵国撤换掉廉颇，故意派人在赵国四处散布消息，称只有赵括领军才能击溃秦军。

赵王信以为真，不顾赵括母亲的强烈反对，换上赵括担任赵军主帅。结果长平一战，只会照搬书本、缺乏实战经验的赵括在秦军面前一败涂地，不仅自己死于混乱之中，还在历史上留下了"纸上谈兵"的笑柄。

赵括的人生悲剧告诉我们，别人不了解你也许无关紧要，可怕的是自己不能正确地认识自己。人贵有自知之明，必须清醒地认识自己能力的大小，量力而行，否则膨胀的虚荣心会把自己推向失败的深渊。

第一章　走进内心，认识自己

有一则寓言故事，也形象地说明了人们要正确认识自己的重要意义。

故事讲的是古时候有一个农夫，不愿安分守己地种庄稼，一心幻想一夜暴富，常年在外面东游西逛，寻找发大财的机会。

可惜几十年过去了，农夫依旧两手空空，最后在穷困潦倒中死去。等到他去世后，得到农夫土地的人在这片田地里无意中挖出了一大罐金银珠宝。一心寻找财富的农夫万万不会想到，他费尽心机苦苦追寻的东西就藏在他的身边。

这则寓言故事其实就是告诉世人要正确认识自我，做出正确的选择。农夫最适合从事农业劳作，他却认为自己适合当富翁，明明宝藏就在土地里，只要踏踏实实、勤奋劳作就能得到，他却因为好高骛远，非要去追求那些不切实际的东西而与财富失之交臂。

世间的每一个人都是独一无二的个体，有着与众不同的价值、能力和禀赋，能不能让自身的"能量小宇宙"爆发出最大的潜能，关键就在于能不能全面客观地认识自己，唯有保持清醒自知、冷静自省，才能成为更好的自己。

从哪些方面来认识自己呢

美国著名思想家、发明家富兰克林曾说，在这个世界上，有三样东西无比坚硬，它们分别是钢铁、钻石以及认识自己。

从富兰克林的话语中不难看出，认识自己不仅非常有必要，而且存在着极大的困难，对大多数人来说，"知彼"容易，谈论他

认清自己，理顺生活

人时常常是旁观者清，品头论足头头是道，然而一旦涉及自身，想要"知己""自知"却非常难，总有一种雾里看花、朦朦胧胧的感觉。

但相对于了解他人，了解自己才是最为重要的事情，能对自己有一个清醒的认知，无疑是人生的大智慧。正如明代"心学"创始人王阳明所说的那样，人生成败的关键，大多数时候不在于外部，而在于自我的本心，客观地去认清自己的本心，调整好自己的位置，才能在不断的磨炼和挫折中走向成功。

显而易见，认识自我对我们的人生成长有着非常重要的意义，那么，我们该从哪些方面来认识自己呢？

摆正自己的位置，找准人生定位

在人生事业的发展上，我们之所以和他人存在着差距，除了情商和智商等影响因素，更为重要的是自己能否做到摆正自我的位置，找准人生发展的定位。

正所谓"自知者智"，所以在为人处世中，首先要对自我有一个清醒的认知。一方面，通过自我观察，全面客观地认识自己；另一方面，留意他人的评价，虚心听取别人的意见，认清自身的能力，懂得量力而行。做到了"知己""自知"，才能摆正自己的位置，找到适合自己发展的方向和平台。

不攀比，不抱怨，善于自我反思

真正的智者，从不去做无意义的攀比，也很少有发牢骚和抱怨的行为，因为他们深深知道，你是谁比你做什么更重要。

所以，我们要做个有大智慧的人，要明白"与其临渊羡鱼，不如退而结网"的道理，要能沉下心来，"一日三省吾身"，在不断的反思中更好地认清自己。

尺有所短，寸有所长，天生我材必有用

俗语说："尺有所短，寸有所长。"正确认识自我，不自视甚高，也不妄自菲薄，要知道每个人的能力大小不一，我们对此要有一个客观清醒的认识，不能自惭形秽，更不要骄傲自大，要相信天生我材必有用，只有充分地了解自己，才能做到扬长避短，在全面发挥自身优势的基础上，一路勇往直前。

其实，在很多时候，如果能真的逼自己一把，拿出破釜沉舟的决心和勇气，便会发现自身也有无穷的潜力，也是那么的优秀。

构建自我的世界

如果没有积极的思想和情绪，我们的生活也许会变得一团糟，所以当我们试图努力向上时，先要从构建自我的世界入手，学着去掌控自我的生活，遵从内心的声音，让自己成为一个自信、强大的人。

除了你自己，没有人可以定义你的人生

生活中，为什么有相当一部分人感觉前途迷茫，找不到人生发展的目标和方向呢？是自己的能力不够，还是运气差呢？其实，其中很重要的原因是这些人没能构建出自我的精神世界，活不出真正的自我。而改变这一切的根本，就在于要在和命运的抗争中学会做自己。

做自己，一定要明白自己真正需要的是什么，什么是自己真正喜欢的事情，也要懂得自己为什么有这样的选择和追求。只有这样，才能了解自己、面对自己、做好自己。

东晋时期著名的诗人陶渊明也曾有过一段迷茫期。

才高八斗的他，曾想通过进入仕途实现自己的理想和抱负，然而现实给了他沉重的打击。

陶渊明在中年之前辗转在各地奔波效命，他做过参军，当过彭泽令，一直随波逐流，内心自然也无比苦闷。

渐渐地，人到中年的陶渊明慢慢认识到，在东晋乱世想要出人头地、建功立业，几乎是痴人说梦，即使是想要混口饭吃，也必须把人格和尊严放到一边才行。

陶渊明不免对仕途心生厌倦，接着发生的一件事，把他内心深处那盏快要熄灭的"做自己"的灯点燃了。

在他担任彭泽令的时候，郡里面派了一名督邮来到彭泽检查工作。陶渊明手下的小吏将督邮到来的消息告知了陶渊明，并催着陶渊明赶快换上正式的官服，去迎接这位前来视察的"大人"。

陶渊明本不喜迎来送往，一向对那些作威作福的督邮心生厌恶，现在又被劝说必须穿戴官服才能和督邮相见，生性孤傲的他当即回绝了身边小吏的请求，毅然辞掉彭泽令的官职，飘然而去，这也是历史上著名的"不为五斗米折腰"的典故。

从此之后，回归田园生活的陶渊明，开始真正地"做自己"，他躬耕乡野，过着"采菊东篱下，悠然见南山"的自由生活。闲暇时写诗、作文，内心的精神世界充实而又丰富，成为后人熟知的"文人隐士"的典型代表。

这个世界上，没有人能定义你的人生，除了你自己。做自己，

第一章 走进内心，认识自己

真实从容且随性洒脱，在轻松自在中活出真正的自我。陶渊明最终能够摆脱名利的羁绊，就在于他经历了人生的波折后，最终明白自己想要的是什么，不盲从，不违心，认定了正确的方向，就坦坦荡荡、大大方方地做自己想做的事情，走自己想要走的路。

做自己，从构建强大的精神世界开始

当一个人真正地选择做自己，踏上发现自我的人生道路，隐藏的潜能将会被有效地激发出来，内心会充满安宁和从容，既能看到自身的不足，也能完整地去接纳自己，在未来的道路上步履稳健，心态坚定而强大，有信心、有能力去重新定义自己的人生。当然，这一切的前提，要从构建自己强大的精神世界开始。

那么，我们又该如何让自己的精神世界变得强大、坚定、自信呢？

业余时间多读书多思考，努力去做自己喜欢的事情

在无数个平淡的日子里，一成不变的生活往往会耗尽人们的激情，让人倍感无聊，这也是时下人们经常抱怨找不到人生的意义和价值的缘故。这些人内心空虚，精神世界自然也是一片荒芜，缺乏兴趣爱好的支撑，以至于身心俱疲，眼前的一切事物都索然无味。

认清自己，理顺生活

找到了造成精神世界"沙漠化"的成因，我们可以去读书学习，试着去摘录与写作，将丰富的情感宣泄在小小的笔尖；也可以在读书之外，涉猎琴棋书画，培养能滋养心灵的兴趣爱好。

去读书，去思考，去创造，如果能长久地坚持下去，相信有一天我们会发现，这些积极而富有意义的事情，会成为我们生命中一道明亮的光，照耀和指引着我们，让我们放下曾经的矛盾纠结和毫无意义的无病呻吟，从而变得快乐、充实、幸福和满足。

有志向、目标以及坚定的信念

有人也许会问，树立远大志向的意义是什么呢？显然，志向就如一把钥匙，是打开自我封闭精神世界的最好方式，也是人们内心最想抵达的远方。

汉武帝时期，司马迁因罪被投入大狱，并被处以宫刑。在生命最灰暗的时候，司马迁牢记父亲生前的嘱托，立志写出一部史学巨著，以记录中华文明的赓续传承。正是在这份强大的信念支撑下，有了清晰人生目标追求的司马迁，在狱中埋头奋笔疾书，历经数个春秋，终于完成了《史记》这一堪称"史家之绝唱，无韵之离骚"的伟大作品。

我们身边的许多人，正是因为缺乏远大的理想抱负和坚定的信念，才会精神世界荒芜、倍感空虚，以至于人生的色彩在他们的眼中是暗淡无光的。

当人生有了明确的方向后，会让原本颓废的精神世界充满勃勃生机。所以，请以坚定的人生信念为导向，构建自我强大的精神世界，只要信念在，这个世界上就没有什么人、什么事能让你轻言放弃；只要勇往直前，就没有什么力量能把你击垮。

在肯定自我的基础上去积极地发展自我

当人生遇到挫折和难题时，请远离自怨自艾的悲观心理，在心理层面不断地进行自我暗示，相信自己一定能行。一旦认准了方向，也请务必着手展开行动，让好的想法付诸实施，将所思、所想转化为切切实实、能够看得见的结果。

也许有时结果不能令我们满意，但在付诸实践的过程中，我们的努力以及失败的经验，都会加深对自身的认识，也有助于我们一步步去构建内在强大的精神世界，从中获得更大的精神满足。

百折不挠方能百炼成钢。当有一天我们构建出了生生不息、和谐充实的精神世界时，就可以掌控自己的人生，人生坐标也由此开始被悄然改写。

内省，看见真实的自己

《论语》中有这样一句话富有启迪意义："见贤思齐焉，见不贤而内自省也。"这里的内省，指的是人们对自我的思想行为、内心需求、情感状态以及价值观等方面的总结与反思。一个人只有懂得内省，敢于自我反省，才能真正看见自身的长处和短处，接纳更为真实的自己，不断提升自己的品行修养。

你是否拒绝内省呢

"以史为鉴，可以知兴替；以人为鉴，可以明得失。"这句话充分说明了一个人内省的重要性。人生在世，只有时时内省自察，才能看见最为真实的自己，从而在心灵得到全面净化的基础上，培养出良好的心理品质。

如果随机询问身边的人是否有过内省的行为，恐怕有为数不少的人会摇头否认。其中的原因有两个：一是没有意识到内省的重要意义，二是害怕内省，不愿触及灵魂，深入地去"解剖"自己、看清自己。

内省对个体的成长起着重要的促进作用，一个人只有真正地直面自己，反思自我，才能获得成长所需的"必要养分"，也才能在正确认知自我的前提下，去追寻自己想要的生活。

所以，那些不懂得内省的人，因为对自身缺乏清醒的认识，每日浑浑噩噩，一直在人生迷茫的沼泽中挣扎，深陷其中，无法自拔。

而对于害怕内省的人来说，他们自然也懂得内省在人生成长和发展过程中能起到的积极作用，不过他们却对内省有着天然的抗拒心理。原因就在于他们缺乏反思自我的勇气，害怕用真诚的目光去洞察灵魂深处，一旦审视到自身有缺点、弱点时，就会下意识地逃开，不愿承受直视自我的煎熬与痛苦。因为拒绝内省，这些人极容易在错误的道路上越走越远。

事实上，我们需要明白的是，每个人都不是完美无缺的，总会存在着这样或那样的缺点与不足，关键是要有自察反省、正视自身的勇气，在内省中看到真实的自己，看清自身存在的优缺点。

从某种意义上讲，如果你想让自己成为想成为的人，想让远大的目标理想得以圆满实现，就必须不断地内省和反思。

晚清名臣曾国藩，就是一个善于内省的人。

早年的曾国藩，个人涵养较差，一遇到不顺心的事情就会怒气冲冲，和人交往时，也爱争辩，不顾及他人的感受。

有一次，他的好朋友窦兰泉来拜访他，整个谈话的过程，几乎都是曾国藩一个人在夸夸其谈，场面一度极为尴尬。送走窦兰泉后，曾国藩意识到了自身的问题，深感后悔，这也使他意识到加强内省的重要性。

为此，曾国藩曾在日记中写道："凡遇牢骚欲发之时，则反躬自思，吾果有何不足，而蓄此不平之气，猛然内省，决然去之。不惟乎心谦抑，可以早得科名，亦且养此和气，可以消减病患。"

"人非圣贤，孰能无过？"关键是自己要有勇于自省和改过的气魄，敢于"悔过自新"。曾国藩之所以能够取得人生大成就，就在于他懂得时时自省，日日内省，找到自身的缺点并及时地加以改正，在不断完善自我、提升自我的过程中，向着更好的未来出发。

如何才能更好地做到自我内省

内省就是不断认识自己、积极面对自己对与错的一个反思、总结、改正、自新的过程，通过内省实现自我的超越和升华。人生其实就是一场自我认知的旅程，谁能更好、更快地认清自我，谁就能更早、更好地找到人生正确的发展方向。

对我们每一个个体来说，又该如何反思自我呢？

适当停止追求的脚步，给自己一个反省自我的时间

在这个忙忙碌碌的世界里，每个人都在不停地努力前行、奋斗成长，然而在不断的前行中，我们应当抽出一段时间，停下追逐的

认清自己，理顺生活

脚步去反思自我。

比如，给自己放一个小长假，放下手头的工作，来一场旅游，一方面让心情得以放松，另一方面沉下心来总结这一段时间的经历，审视自我的内心，看一看自己有没有什么过失或错误，有则改之，无则加勉。

同时，在内省后，还可以为自己规划一个更为清晰的发展目标，让前行的脚步更加稳健。

养成写日记的习惯，以日记的方式来总结反思

日记是写给自己看的，在一个安静的氛围下，拿出纸和笔，在上面写下一天的心情、感受和想法，有助于我们了解更为真实的自己。

写日记也是一种反思方式，因此在写日记时，应当敞开心扉毫无保留，无论好与坏，都要真实记录。唯有如此，才能真正触及内心最隐秘的地方，深刻地去认识自我、反思自我。

多去听听他人的反馈

在自我反思之余，还要多听听他人的反馈，也许身边人的评价很刺耳，让人听了如鲠在喉，但"良药苦口利于病"，如果能认真地听取那些客观公正的评价和建议，自然有利于我们更好更快地改正自身的不足。

需要注意的是，反思自我很重要，但也不能过度反思，那样会让自己陷入一种纠结的矛盾状态中难以自拔。同时，内省不仅要反思自身的缺点和错误的地方，还要发现自身的优点和潜能，从而有针对性地扬长避短，最后塑造出一个成熟自信、智慧通透的自我。

第二章

接纳自己，回归本真

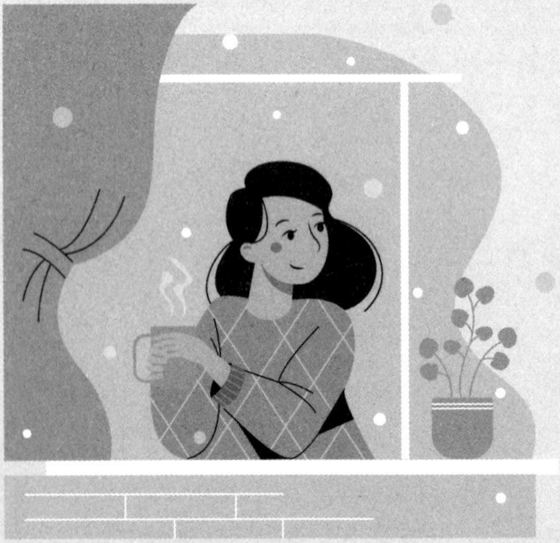

一个人最难能可贵的，就是能在内省中真正地认清自己。当对自己有了一个清晰、客观、全面的了解后，自然就会变得冷静自知、睿智成熟，也能认识到自己只是芸芸众生中一个平凡普通的个体。当我们试着去接纳不完美的自己，回归纯粹的自我时，也将在未来的人生旅途中渐渐明白取与舍的道理，为人处世能从自身的能力和实际出发，脚踏实地，放弃那些好高骛远的虚幻空想，更好地爱自己，享受自由、宁静、轻松的幸福生活，拥有自己想要的精彩。

接受平凡，现实里没有主角光环

也许在每一个人的心中，都有成为顶天立地的大人物的梦想，希望能够体验众星捧月的感觉。但现实和理想之间总是难以画上等号，事实上，大多数人都只是再普通不过的平凡个体，身上并没有夺目的主角光环。虽然如此，我们依旧要有勇气正视自己，努力发出自己的光和热，在平淡的生活中活出不平凡的自我。

你我都生而平凡

小时候的我们，面对这个多彩的世界，常常认为自己有着无限的潜力，甚至一度自信地认为自己拥有能够改变整个世界的能力。

但实际上，随着岁月的流逝和年龄的增长，我们会慢慢地发现，自己和身边的大部分人没有多大区别，都是芸芸众生中普通的个体，在平凡的日子里过着平凡的生活，身上没有夺目的主角光环，也没有太多的过人之处。其实，你我都生而平凡，接受平凡的自己，本质上就是接纳真实的自己，与自己和解。

初一的时候，梦瑶写的一篇游记作文被老师选为范文，老师的赞美和鼓励，同学们艳羡的目光，让梦瑶又惊又喜。随后她再接再厉，用心去写，获得了校级作文比赛的一等奖。

从此，写作文让梦瑶找到了强大的自信，一个作家梦也在她幼小的心灵里生根发芽，仿佛一束明亮的光，照亮了梦瑶的内心世界。

然而一晃十几年的时间过去了，梦瑶从大学毕业参加工作，到嫁人成家，其间虽然也在报刊上发表了一些散文，却从未成功出版过一部书稿，投寄的稿子也石沉大海，杳无音信。

一开始，梦瑶还心有不甘，认为凭借自己的文学天赋，一定能够在文学领域闯出一番天地来，成为一名小有名气的作家，或者是在编剧圈内大有作为，打造一部或几部叫好又卖座的影视作品。

渐渐地，梦瑶接受了现实，她知道自己虽然有那么一点儿文学才能，但是不能成为行业里的佼佼者，自己的知识、经验、能力等，和真正的大作家之间差了太多，如果准确地定位自己，至多只能算是一个普通的文学爱好者而已。

承认了自己的平凡的梦瑶，也渐渐摆脱了纠结的心态，不再患得患失，正常上班生活，依然热爱写作。在单位里，有时宣传工作需要文笔好的员工，梦瑶也会义不容辞地主动接下文字方面的任务，对她而言，虽然不具备出众的才华，但有这样的一份热爱就足够了。

生活中，我们大多数人和梦瑶有着类似的人生轨迹：中学时

第二章　接纳自己，回归本真

喜欢打篮球，幻想自己能成为万众瞩目的篮球明星；热爱绘画，也总是想着有朝一日能够成为凡·高、毕加索这样的大画家。不过往往到了最后，我们才发现我们所钟情的、向往的、追求的，并不一定能实现，曾以为自己天赋异禀、无所不能，最终也要回归平凡的自我。

有梦想并没有错，每个人都曾在逐梦的道路上努力跋涉，勇攀高峰。只是我们需要明白的是，虽然人人都想成为主角，但是在现实中能够拥有主角光环的人少之又少，当我们胸怀远大的理想追求，一路向着主角的目标前进，纵然在最后没能让梦想照进现实，只是成为一个再平凡不过的普通人，但至少我们曾为此努力过、奋斗过，足以无怨无悔。

接受平凡，你一样有光

生活中的我们或许非常普通，过着平平淡淡的生活，很少有光彩夺目的时候，更鲜有被鲜花和掌声簇拥包围的辉煌时刻。

在这平凡的日子里，我们并非暗淡无光，当我们有着正直善良、有责任有担当的良好品行，保持对生活的热爱时，我们依旧可以活成自带光芒的普通人。

南宋时期，在宋高宗的默许下，秦桧以"莫须有"的罪名，将忠贞爱国的岳飞父子冤杀在了风波亭。

当时的人们大多慑于秦桧等人的淫威，纷纷选择了沉默以对，无人敢出头为岳飞收尸。

认清自己，理顺生活

这时一名叫隗顺的狱卒悄悄地站了出来，他冒着被杀头的风险，将岳飞的遗体偷偷地背出了监狱，然后葬在城外的九曲丛祠旁边，并做了自己可以辨认的标记。

处理完了岳飞的后事，隗顺和以往一样，默默地做着自己的工作，直到他临死之前，才把埋葬岳飞的真实地点告诉给了他的儿子。

一晃二十余年过去了，时间证明了岳飞的忠诚，南宋王朝中，也有越来越多的人呼吁为岳飞父子平反，即位的宋孝宗也因势利导，将高宗时期强加在岳飞头上的种种罪名几乎全部推翻，岳飞的冤情也大白于天下。

只是岳飞的遗体在哪里呢？当所有人都没有线索的时候，隗顺的儿子走了出来，说出了埋葬岳飞的地点。最后，岳飞的遗骸被顺利发现，由朝廷出面，迁葬到了杭州西子湖畔栖霞岭脚下，从此这一象征着爱国精神的"宋岳鄂王墓"，成了后世人们缅怀凭吊的地方。

在历史的长河中，隗顺是一个再普通平凡不过的小人物，然而在大是大非面前，在良心正义的天平下，隗顺选择了遵从内心的良知，他的一个小小的善意举动，让他平凡的人生中多了一道不一样的光芒。

曾有这样一则新闻，在杭州的一处菜市场里，有一位退休的老爷爷，每年暑假都会在菜市场里的空摊位上免费为孩子补习英语，而他的学生，自然也多是卖菜摊主的孩子。

当有人询问老人这么做的初衷时，老人笑呵呵地说只要有人愿意学，我就愿意教，我喜欢看到孩子们在学习上取得进步。

我们虽没有万丈光芒，但请不要停止让自己发光的脚步。也许

第二章　接纳自己，回归本真

日子是平凡的，但我们不能甘于平庸，不要让那些毫无意义的琐事浪费我们的大好时光，我们应充实地生活，相信只要心有所向，心有所爱，平凡的日子也会有光，平凡的人生也一样精彩。

正视差距，看清能力的边界

受不同先天素质、后天教育环境以及社会经验等的影响，人与人之间在体力、智力、处理问题的能力等各个方面都存在着一定差距。由此可知，我们与他人之间的能力差距是客观存在的，正视差距，看清自身能力大小的边界，才能在清醒自知的基础上做到"知耻而后勇"，从而取得长足的进步。

在自身能力范围内做自己力所能及的事情

仔细观察不难发现，人与人之间，在能力上确实存在着大小高低的差别，在这个世界上，比我们优秀、有能力、有水平的人比比皆是。

那些能力出众的人，总是能够洞察问题的本质，轻松抓住矛盾的核心，举重若轻，完美地将问题解决掉，的确令人佩服。

如果我们一直活在自我封闭的小圈子里，不懂得山外有山、天外有天的道理，坐井观天，自然会令自己越来越故步自封、盲目自大。

一个真正有大智慧的人，往往谦虚低调，能够正视自身和他人之间的差距，也能清楚地看到自己的能力边界，做人做事量力而行。

三国时期，蜀国的马谡非常有谋略。每次商讨军国大事，马谡总是能一针见血地指出问题的所在，眼光独到，见解高超。

作为参谋人员，马谡称得上非常优秀，但如果将他放在统兵大将的位置上去独当一面，马谡的能力短板就一下子暴露了出来，他缺乏指挥大兵团作战的实际经验。

诸葛亮也一度看好马谡，在他第一次北伐的时候，就派马谡坐镇街亭，抵挡曹魏大军的进攻。

马谡没能认清自身的能力边界，认为防守街亭轻而易举，自信满满的他还当场立下军令状，一旦延误军机，甘愿受军法处置。

后来的故事大家都知道了，刚愎自用的马谡，在能力范围之外，顿感手足无措，进退失据，昏招迭出，被曹魏大军杀得丢盔卸甲，最终造成了"诸葛亮挥泪斩马谡"的结局。

马谡不是没有能力，只是他只适合当一个参谋，而难以胜任统兵一方、指挥千军万马的重要任务。没能认清自身的能力边界，是造成马谡人生命运悲剧的原因之一。

正视差距，在自身的能力范围内去做自己可以胜任的事，是一种明智的做法。

吴勇是以科研人员的身份进入一家公司的。当时公司正好有一个紧急的研究项目，吴勇的能力和经验都非常适合，因此研发项目的重任就落在了他的头上。

经过他和同事们将近一年的努力攻关，最终胜利攻克堡垒，让项目"开花结果"，顺利落地，成为公司一个重要的盈利点。

对吴勇的表现，公司老总非常满意，还单独找来吴勇，告诉他即将提拔他担任公司高级管理人员，全面负责公司的技术工作。

吴勇听了，却连连摇头，委婉地拒绝了老总的好意。面对对方疑惑的目光，吴勇诚恳地解释说："我就喜欢埋头钻研技术，研发是我的长项，确实胜任不了管理工作。"

老板非常欣赏吴勇的坦诚，对此表示理解，并积极创造条件，让吴勇一展所长。几年后，吴勇便成为公司技术方面的权威和"顶梁柱"，他的专业成就在同行业领域内也是佼佼者。

可以看出，吴勇是一个有自知之明的人，他清楚自己的专长是搞技术研发，这也是他的能力边界，行政管理并不是他所擅长的，只有埋头在自己擅长的技术研发中，才会做出骄人的成绩。

在工作中，有人长于管理，有人擅长营销，有人愿意沉下心来埋头钻研，每个人都有自己擅长的地方。我们要敢于正视自身和他人之间的差距，千万不要太过高估自己，一定要认清自身真正的实力，然后在自己的能力范围内全力而为，将才能发挥到极致，去成就更好的自己。

认清能力边界，不代表丧失进取之心

认清自身能力边界的意义在于，能够让自己清醒冷静，学习他人的长处，不盲目自信，也不去做超出自身能力范围的事情，有所为有所不为，凡事量力而行。

但认清能力边界，不代表丧失进取之心，认清自身的能力边界和积极进取之间并不冲突。有些人一谈到奋发向上，就会拿"量力而行"做挡箭牌，甚至因看到自身和他人存在着的巨大差距，就生出消极悲观的情绪，对自己的潜力持严重的怀疑态度，还未行动就先打了"退堂鼓"。

实际上，我们应当做的是，不仅要勇于正视能力差距，还要有"知耻而后勇"的雄心壮志，树立信心，奋起直追。

三国时期吴国的大将吕蒙，就是正视自己、不断进取的典型。

吕蒙在跟随孙权之初，虽然骁勇善战，武力高超，却也有自己的短板，从小就没有读过多少书的他，肚子里墨水空空，因此有人就讥讽他为"吴下阿蒙"。

孙权看到吕蒙身上存在的短板，就劝说他要多读书，更好地完善自己，因为领兵打仗仅凭匹夫之勇是不长久的，一定要让自己文武双全，这样才能成为一名谋略出众的优秀将领。

吕蒙自此下定决心弥补自身的能力短板，刻苦努力读书。不久后，鲁肃来到吕蒙驻防的地方和他商谈军务。

从前在鲁肃的眼中，吕蒙一直是有武力而无谋略的一介武夫形象，谁知这一次却令鲁肃大吃一惊，只见吕蒙侃侃而谈，腹有韬略，真的是"士别三日，当刮目相看"。后来鲁肃去世前，在孙权面前积极推荐吕蒙，补齐了能力短板的吕蒙也得以胜任东吴三军大都督之职，并成功击败关羽，终成一代名将。

每个人的能力不同，但一个人的能力水平并不是恒定不变的，当认清了自身的能力边界后，应积极地努力学习，在实践锻炼中不断地完善自我，去突破能力边界的束缚。

学会放弃，不是所有的梦都要实现

持之以恒、坚持不懈是一个人身上非常宝贵的品质，在追梦的路上，我们常常鼓励自己要"咬定青山不放松"，坚持再坚持，终会有美好收获，让梦想成真。然而，并不是所有的梦想都能实现，也不是所有的梦想都要实现，当客观的有利条件荡然无存时，不妨试着去放弃，换一条赛道，或许会收获新的希望。

适可而止，才是人生大智慧

逐梦的道路并非一帆风顺，很多时候，我们要忍受各种波折坎坷，克服各类难以想象的困难，在百折不挠后，才能将梦想拥入怀中。

我们需要明白的是，在逐梦之时，一定要梳理好梦想与现实之间的关系,也就是了解自身的实际情况,让目标变得切实可行,而不是非要"一条道跑到黑"。

当逐梦的方向错了,或者是梦想太过虚幻,脱离了现实,超越了个体能力所能承受的范围,我们就应适可而止。

"南辕北辙"的寓言故事所传达的哲理也正在于此。

一个名叫季梁的人,在路上遇到了一个准备前往楚国的人。令人奇怪的是,前往楚国应该一路向南,这个人却得意地赶着马车向北一路疾驰。

季梁拦住了对方,问:"你说你要前往楚国,为什么奔着北方行进呢?"

对方听了不以为意,傲慢地回答说:"我的马很好,体力强,脚程快。"

对方答非所问,季梁都有点哭笑不得了,马的体力好和走错方向有什么关系呢?面对季梁的询问,这个人继续强调他携带的干粮多,车夫的驾驶技术高,对走错方向的问题避而不谈。

这则寓言故事虽然短小,但寓意深刻。有了前往楚国的目标,方向却错了,而且不知悔改,不赶快纠正自身存在的问题,最后只能是越坚持,距离自己理想中的目标越远。

所以说,坚持本身没有错,但前提是前进的方向是对的,一旦方向错了,第一时间就要停下脚步,及时止损,不然再怎么努力都是白费,最后就真的会闹出"南辕北辙"的笑话了。

有时候梦想太过虚幻,一旦发觉自己沉浸在好高骛远的迷梦中,也应尽快放弃,有些梦真的实现不了。

有一个中年人一脸忧愁地来到寺院,找到禅师谈心。

在谈话中对方告诉禅师,他从小就有成为一名画家的梦想,为此他努力奋斗了几十年，但依旧一无所成，现在连生活都成了问题，他希望禅师能够给他鼓励和指导。

说着，中年人还将自己精挑细选、认为比较满意的作品拿给禅师看，脸上露出满是期待的神情。

禅师看了看中年人手中的画，又望着他那双疲惫迷茫的眼睛，只简简单单说了一句："不要在自己没有天赋的地方浪费精力了！天赋足够的话，你早就成名了。"禅师说完后就转身离开了。

一开始，中年人感觉受到了侮辱，认为禅师轻视他，不过等他冷静下来，又慢慢醒悟过来，他落魄至此，潦倒半生，画作从未得到同行的认可，不正是因为自己在绘画方面资质平庸吗？不然的话，正如禅师所说的那样，凭他几十年的坚持，早就成为画坛的名家了。

不是所有的梦都要去实现。小时候我们梦想成为科学家、航天员、亿万富翁，然而等到我们长大了后便会明白，有些梦想确实是需要天赋和机遇的，仅凭借固执的坚持很难实现。

因此，当梦想太过遥远时，珍惜现在拥有的，适可而止才是大智慧。努力过，奋斗过，无悔就好，最终还是要回归现实，承认和接纳不完美的自己。

学会放弃，有时也是一种新生

有哲人说，人生最难的不是拥有和得到，而是有一颗澄如明镜的心，懂得什么该去坚持，又明白什么必须勇于舍弃。

认清自己，理顺生活

放弃并不等于认输，更不是举手投降。很多时候，受天赋、个人能力以及客观条件的限制，有些人、有些事，该放手时要放手，随遇而安，随缘而止。

狒狒是一种很难捕捉的动物，机灵多疑，但是它们有一个致命的缺陷，就是在唾手可得的美食面前不懂得放手。

有经验的猎人就会利用狒狒的这一特性，事先在树上开凿一个小小的洞口，正好能够让狒狒的爪子伸进去，然后当着狒狒的面在里面放上它们最爱的坚果。

等猎人离去后，狒狒会来到树洞前，将爪子伸进去抓住坚果，然而当它们的爪子攥满了坚果后，就无法顺利地从洞中抽出来。

这时，隐藏起来的猎人不慌不忙地走了出来，如果狒狒松开爪子，还有机会逃生，可是美食的诱惑让它们不舍得放手，就这样，被树洞卡住爪子的狒狒便被猎人轻而易举地抓获了。

狒狒的故事告诉我们，有时候有些事既然通过努力得不到，那就赶快选择放弃，适时放手。

"山重水复疑无路，柳暗花明又一村。"懂得适时放弃，并没有什么不光彩，相反，在明智地放手后，换一个方向，变一下思维，多一份忍耐和等待，新的希望就会在不远处向我们招手。

大汉王朝刚刚建立的时候，匈奴在汉王朝的边境扰动抢掠，刘邦亲率数十万大军向匈奴开战。

匈奴故意示弱，采取诱敌深入的策略，而后出其不意，将冒进的刘邦大军围困在了白登山，前前后后长达七天七夜，汉军粮草断绝，陷入绝境。

后来还是在陈平的谋划下，刘邦等人才得以逃生。自此，匈奴成为汉王朝的心腹大患。但从刘邦开始，一直到汉武帝，汉王朝的几代帝王对匈奴一直采取的是和亲的政策，难道这些大汉皇帝在匈奴面前真的无能为力吗？

其实不是。大汉皇帝们之所以隐忍不发，是因为他们暂时选择了在忍耐中全力积蓄反击的资本，等到汉帝国的国力真正强盛起来时，才主动出击，重创了匈奴。

大汉皇帝从主动和匈奴交战，到改变策略思维，以与匈奴和亲的怀柔政策，最终让汉帝国笑到了最后。

要想让树木有参天的雄姿，就要修剪多余的枝条，这样才能全心聚力一意向上。由此可知，放弃并不是认输的表现，在对待追求梦想的问题上，我们应有圆通的智慧和开阔的胸襟，需要继续坚持的时候，就要持之以恒，百折不挠；需要放弃的时候，不要孤注一掷，应干脆利落地做出取与舍的决定，重新去寻找努力的方向，或许一个转身，就能捕捉到新的希望之光。

拒绝标签，人生没有标准答案

有人将人生形容为一张画纸，最初是白色的，由每个人自行装饰涂画，没有标准答案可供参考，每个人都可以在上面尽情涂抹自己喜欢的颜色，创作自己满意的内容。在人生道路上，手握自己人生"画笔"的我们要想得到美丽的"画卷"，就要抛下条条框框的束缚，跨越山河大海，大胆去创造属于自己精彩的人生。

人生各有精彩，我们不必被他人所苛求

生活中，有些人爱以"过来人"自居，喜欢给其他人贴标签，常常会说："你的选择是错误的，肯定不行，我不看好你！"或者说："你按我说的去做，那样才行得通。"

当我们有了自己的选择时，他们会在一旁冷嘲热讽，看似出于

好心，实际上无非是我们的选择和他们内心认定的"价值标准"不一样，他们往往就会试图让我们追求理想的脚步停下来。

显然，这些人常常把自己认定的"人生模板"强加到别人身上，认为只有按照他们的模式去做才是对的。遇到这种情况，我们又该如何面对呢？是选择盲从还是坚持自我的底线呢？

某家单位里的一个青年，在工作之余喜欢看一些哲学方面的书籍。同事们看到后，都感觉不可思议，常常用打量"怪物"的眼光去看待他。

甚至有一些同事直言不讳地对他说："看这些书有什么用呢？枯燥无味，没有丝毫的价值，千万别成了一个书呆子，我看还不如把精力用在考取专业证书上，职称提高一个级别，相应工资也会提升一个档次。"

平日里，青年也习惯了大家的讥讽，他笑着回答说："也许哲学解决不了吃饭的问题，在你们的眼中毫无意义，但我喜欢沉浸其中。这里面有很多有趣的思想和方法论，我的精神世界也因此变得充实丰富，只要兴趣爱好是正当的，自己从中得到了满足和快乐，我认为这比什么都重要。"

青年的一席话，让对方哑口无言。事实上，在这个世界上，一个人是不是过得好，能不能幸福满足，关键在于个人的心态和自己的选择，其他人口中的"人生定义"并没有那么重要，也没有必要活在他人质疑的眼光之中。

成功也是一样，难道只有有钱、有地位才算成功吗？虽然生活平平淡淡，但家庭和谐美满难道就不是成功吗？世俗生活中，太多的人扭曲了对成功的定义，为了追求所谓的名声、地位、金钱而疲于奔命，身心俱疲，最后看似成功了，其实失去了很多的乐趣。

能决定你的命运的，只有你自己

人生从来没有标准答案可言，一个人眼中的幸福生活，也许在另外一个人的眼中并没有可取之处，这就像俗语所说的那样："我之蜜糖，彼之砒霜。"

进一步思考，我们眼中的世界之所以精彩无限，就在于每个人都有不同的活法，各有各的选择，各有各的追求，千差万别却也乐在其中。成功、人生价值、幸福等定义不需要一个统一的标准，也无须用标准的模板来框定与衡量。

一旦认定了前行的方向，就要持之以恒地坚持走下去，身边的流言蜚语，路途上的风风雨雨，都不能阻挡我们努力向前的步伐，每一种人生都可以活出无限精彩。

有着"唐宋八大家"之一美誉的曾巩，少年时期家庭曾遭遇多次不幸。在他八岁的时候，母亲生病去世；几年后，父亲又被免去了官职，回家休养。

一晃几年时间过去了，父亲因为接到官复原职的消息，情绪大落大起，突然患上了急症，很快撒手人寰。父亲去世，他们这个小小的家就更处于风雨飘摇的境地了，一些和曾巩熟识的人就劝说他，什么也别想了，老老实实在家种地，将来能结婚生子，养活一家就行了。

曾巩却拒绝了别人给他设定的人生路径，他在赚钱养家之余，刻苦攻读，期望有朝一日能科举及第。

但一连多次，曾巩冲击科举都铩羽而归。三十五岁那年，他和哥哥再次落榜，乡邻中有言语刻薄者还写了一首顺口溜嘲笑他们兄弟两个:"三年一度举场开,落杀曾家两秀才。有似檐间双燕子,一双飞去一双来。"

在乡邻看来,曾巩就是一个庄稼汉的命,一辈子就这样了,老老实实种好自己的田地才是正事,别和命运抗争。

曾巩不服输,拒绝被人贴标签,他继续埋头苦读,终于在三十九岁那年金榜题名,从此大宋文坛又一颗文学新星冉冉升起,多年后成为中国古代文学革新运动的重要代表人物。

曾巩的故事告诉我们,一个人不要被他人的"标签"束缚,也不要把自己硬套进别人的人生模板,在自己的人生发展上,应当多去听从内心的声音,放下顾忌,勇敢大胆地往前走,做出自己认为正确的选择。

发挥优势，在擅长的领域发光

每个人都有自己擅长的方面，也有自己不懂的地方。所以，我们应该充分地了解自己，明白自己最适合、最擅长的领域是什么，然后沉下心来埋头钻研，将优点发挥到极致，这样必能点亮人生的光，成为自己想要成为的那个人。

找对位置，努力发光

如果用心观察，会发现这样一个有趣的现象：智力相差不大的两个人，一个人能够做出出色的业绩，另一个人却一直默默无闻，像是一个可有可无的"透明人"一样，存在感非常低。这是什么原因造成的呢？

很多时候，问题就出在不能发现自身的优势和长处上。发现了自己的优势并善加利用,自然就能在自身擅长的领域做出骄人的成就。

战国末期,韩国有一位名叫韩非子的青年,早年间跟随荀子学习,积累了深厚的学问。

在战国时期,光肚子里有知识还不行,必须得能言善辩,善于在各国国君面前推销自己,这样才能脱颖而出,得到赏识与重用。如当时的苏秦、张仪等,都是因为口才了得才得以全面施展自身才华的。

对韩非子来说,他却不具备这方面的优势,因为他天生患有口吃的毛病,说话结巴。他屡次劝说韩国国君采纳他的法家思想来励精图治、富民强国,然而每次都无功而返,不受重视。

韩非子的理论主张不受韩王欢迎,这里面有韩王自身的原因,也和韩非子口吃有着一定的关系。其实韩非子自己也知道,一肚子学问却因结巴导致词不达意,得不到赏识也是情理之中的事情。

痛定思痛的他,下决心开始著书立说,虽然口才欠佳,写作却是他的长项。韩非子闭门奋笔疾书,先后写出了《孤愤》《五蠹》《内外储》《说林》《说难》等数十篇文采飞扬的理论著作。

后来,这些理论著作传到秦国,秦王嬴政读后,拍案叫绝,甚至感叹说:"寡人如果能够和韩非子相见,死而无憾!"

韩非子最终能够成为战国时期法家思想的集大成者,就在于他能够寻找到自身的优势,并发挥自身的优势,进而成就了非凡的人生。

德国化学家、诺贝尔化学奖得主奥托·瓦拉赫也是同样的典型。求学期间,奥托·瓦拉赫先是主攻文学,不过他很快就发现自己缺乏这方面的天赋,又学习绘画,依然进步不大,后来一位化学老师发现他化学实验做得非常好，于是建议他攻读化学，找到了自己擅长学习领域的奥托·瓦拉赫，最终在这一领域做出了非凡的成就。

有人常常否定自己，认为自己一无是处，没有特长，一辈子碌碌无为。事实上，正如李白在诗中写的那样："天生我材必有用。"生活中绝大部分人的能力、智商都在同一水平线上，造成个体发展差异的一个主要原因，就在于能不能充分发挥自身的优势，并在自己擅长的领域将这种优势无限放大。

找对位置，实际上就是找到自己的优势和擅长的领域，踏踏实实努力上进，把自己热爱的事情做到极致，你自然就会光芒四射。

如何在擅长的领域发挥优势

受个人的天赋资质、兴趣爱好、成长经历等因素的影响，每个人擅长的方面不尽相同，千差万别。明白了这个道理，我们想要充分施展自身的才能，让人生有不一样的色彩，就应该立足自身长处，不断发掘和增强自己的优势。

发掘自己的优势

要想在擅长的领域发光发热，首先要发掘自己的优势，了解自己所擅长的事情。这就需要我们对自己进行深入的分析，包括分析自己的性格特点、语言表达能力、专业水平等，从而发现自身的闪光点。

比如：当发现自己的性格内向，不擅长表达，但内心丰富，擅长写作时，就可以专注写作，发挥自己的这一优势；当发现自己性格外向，擅长表达时，就可以在生活和工作中发挥自己的这一优势。

提升自己的专业能力

要不断提升自己在某个领域中的专业能力，这样不仅可以将自身的优势放大，还能在某一领域有自己的一席之地。

比如，当发现自己擅长计算机领域时，就要努力提升自己的专业能力，掌握更多的专业知识，当自己的专业能力有所提升时，自然就能在这一领域发光发热。

没有人是完美的，重要的是能够做到扬长避短，你的优势才是你真正拿得出手的"王牌"，只有充分发挥自身的长处，在自己擅长的事情上下足功夫，你才能获得真正的成功。

第三章 自我救赎，与过去和解

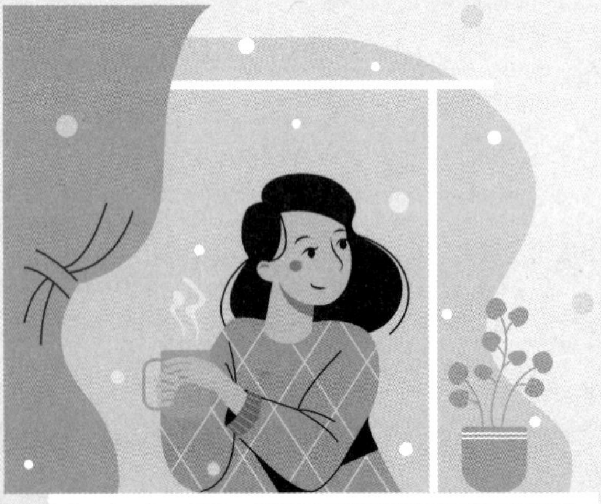

与过去和解，其实也是与自己和解。让往事随风，适时放下内心的执念，无论是在原生家庭中遭受的痛苦，还是亲情、友情、爱情带来的伤害。一旦拥有了懂得放下的智慧，我们就能获得心灵上的释怀和安宁，更好地去接纳自己，在觉悟中获得成长，去完成自我的救赎，从此海阔天空，前路皆坦途，然后在岁月静好中去创造无限的可能。

来自原生家庭的爱与伤痛

家，是幸福温馨的港湾，在一个温暖有爱的家庭中，我们可以快乐健康地成长，养成积极向上的良好品行。然而，并非所有的家庭都能带来爱和安全，有的家庭甚至会带来或大或小的伤害，这也使在这些原生家庭中长大的孩子精神上烙印着往昔的伤痛，从而在爱和不爱中徘徊纠结着。

原生家庭带给我们的爱和伤痛

对每一个人来说，因为个体的成长经历不同，原生家庭在不同人心目中的分量与感受也不相同，或温暖，或沉重，或令人窒息，置身于其中，就不得不鼓起勇气去面对这一切。

梦晓在参加工作之前，对她的原生家庭既恨又爱，内心一直充满矛盾复杂的情感。

梦晓的父亲是一个脾气暴躁的人，遇到不顺心的事情就会和梦晓的母亲大吵大闹，母亲往往也不甘示弱，和丈夫针锋相对。很多时候，一件微不足道的小事都能引发一场"家庭大战"。

类似的矛盾在梦晓的家庭中，就如家常便饭一样，隔三岔五就会爆发一次。其实，大多时候都是一些鸡毛蒜皮的小事引起的，那时的梦晓怎么也想不通，父亲和母亲为什么不能心平气和地解决问题，非要"针尖对麦芒"。

梦晓的内心对情绪不稳定的父母和争吵不休的家充满了复杂的情感，尤其是当她看到其他小朋友的家庭内部一片温馨和谐的景象时，她的心里面更是五味杂陈。

梦晓就是在这样的家庭中长大的，父母的争吵让她一直缺乏踏实的安全感，性格上也变得内向敏感。即使后来梦晓参加了工作，也依然不够自信，时常怀疑自己、否定自己，甚至一度对婚姻感到恐惧，既渴望恋爱，又迟迟不敢迈步走入婚姻的殿堂。

高强的原生家庭，是另外一种类型。他的父母不吵不闹，对高强也非常关爱，但让高强难以忍受的是，他的父母太过强势了，从上学到工作、婚姻，父母总是试图去干涉他的一切，总说一切都是为了他好，为了让他少走或不走弯路。

其间高强也有过反抗，不愿听从父母的安排，然而每次稍微违背父母意愿，他就会被扣上不孝顺的"道德帽子"，无数次逼得高强不得不向父母妥协。

面对这样的父母，高强越来越感到原生家庭带给他的是一种无形的窒息感，让他透不过气来，心里倍感压抑。家，成为高强时时想要逃离的地方。

梦晓、高强的遭遇不是个例，现实中，无数的原生家庭在带给我们爱的同时，也常常会在内心深处给我们留下伤痛的回忆，让我们"爱恨交加"，心情矛盾复杂，不知道该如何去正视与面对。

接纳自己，从与原生家庭和解开始

原生家庭，是一个既令人感到温暖又有些沉重的话题，但又是每个人不得不面对的存在。固然，生活在一个和谐温馨、安宁有爱的家庭中是幸运的，也是幸福的，然而就像案例中的梦晓、高强一样，我们无法选择自己的家庭，一味地逃避也不是好办法，重要的是，要试着和原生家庭和解。

虽然原生家庭曾带给我们很大的精神伤害，但是我们应当明白的是，原生家庭是我们每个人都绕不过去的存在，没有父母，哪里会有我们呢？

所以说，和原生家庭和解，实质上也是和自己和解，和我们的过去和解。无论曾经有多少伤痛，都应坦然面对，让它在时间的河流中慢慢消散融化，然后肯定自己，接纳自己，完成自我救赎。

爱和亲情不能丢，改变和父母的相处方式

有的父母性格过于强势，或是脾气火爆，有时会做出伤害家庭成员感情的事情，面对这样的父母，我们无法改变他们，也没有必要去强行扭转他们的认知，那样做反而会让彼此之间的亲情出现更大的裂痕。

正确的做法，就是用爱去感化他们，一方面多倾听，多沟通，找到让彼此都能接受的相处方式。比如，父母的年龄大了，可以从他们的身体健康方面聊一聊，多去关心他们；也可以坐下来多陪陪他们，让他们多说多聊，我们只去当一名倾听者，彼此做到相互尊重即可。

另一方面，也可以寻找适当的时机，大胆地说出自己的想法，让父母也能较好地了解子女内心真实的感受，做到相互倾听、相互理解、相互包容。

精神上独立，摆脱父母的精神控制

面对性格强势、想要从精神上掌控儿女的父母，逃避并不是明智之举，对自己走出伤痛的阴影起不到多大的作用。重要的是能够勇敢地正视这一切，重新审视自己和父母之间的关系，让内

心变得强大起来，做到精神独立，摆脱强势父母对我们精神上的控制。

要知道，随着我们逐渐长大，经历了无数的人生风雨，原生家庭已经不再是我们获得能量支撑的唯一来源，未来掌握在我们自己的手中，应当努力去打破来自原生家庭的羁绊和束缚，摆脱父母为我们设定的人生模板，去拥抱真实的自己。

童年创伤是心理问题的诞生地

奥地利著名心理学家阿德勒曾说:"幸运的人一生都在被童年治愈,不幸的人一生都在治愈童年。"在我们生活的原生家庭中,童年的伤痛所带来的创伤,也是造成我们心理问题的根源之一。虽然我们难以选择自己的原生家庭,然而在慢慢长大的过程中,我们要学会治愈自己,努力从伤痛的泥沼中挣脱出来。

童年创伤的几大类型你知道吗

童年对我们每个人来说,都是生命长河中非常重要的一个阶段,对我们的性格特征、人格发展以及人生的成长,都有着很深的影响。

许多心理学家认为,一个人在成年以后所产生的各种心理问题,其实都和童年时期所遭受的创伤有关。精神分析流派的创始人弗洛伊德在进行大量的个案研究后,也旗帜鲜明地指出,一个人的童年经历与创伤对其人格的发展形成有着不可忽视的影响。

个体在童年时期,对与父母的互动有着强烈的心理需求,他们需要从父母那里获得足够的安全感、爱和关怀,以及得到父母的肯定、激励、赞美、认可等情感支持。

当这些心理需求得到了充分的满足时,孩子的心理发展才会正常健全,反之,就会导致他们在成年后因为情感需求的不满足而出现各类心理问题。

简言之,成年人的各类心理问题与其所在的原生家庭环境及其生活经历有着密切的联系。在一个原生家庭内部,如果父母感情融洽,时时去关心鼓励孩子,孩子在长大之后会拥有积极阳光、乐观自信的性情心态。

反过来,如果原生家庭父母关系糟糕,动不动就吵架,对孩子的心理需求也是漠不关心,甚至恶语相向,那么在这种环境下成长起来的孩子,大多会形成多疑、自卑、敏感、暴躁、缺乏理性等性格特征,容易被诸多负面情绪包围,引发众多心理问题。

具体来说,常见的童年创伤有以下几种类型。

一是性别创伤。

性别创伤常发生在重男轻女的原生家庭中,父母喜欢男孩,对女孩关心、照顾较少,久而久之,会让生活在这种家庭中的女孩降低对自身价值的认同。

二是期望创伤。

在子女的未来发展上,一些父母会有两个极端:一个是对子女期望值过高,在高压之下,引发孩子的心理焦虑,他们长大之后,

第三章 自我救赎，与过去和解

依然患得患失，不确定自己是否足够优秀。另一个是对子女期望值过低，认为孩子什么事情都做不成，时不时打击孩子的自信心。当孩子做错了事情，或者是遭遇了失败，父母就认为这是再正常不过的事情，从来没有给予孩子安慰和鼓励。长此以往，孩子也会形成强大的心理暗示，认为自己就是一个失败者，即使是成人之后，他们为人处世时依旧胆怯懦弱，容易抑郁焦虑，迟迟走不出失败的阴影。

三是分离创伤。

孩子对父母有着天然的亲近感和依附感，父母的陪伴和爱，会带给他们满满的安全感。所以，当父母情感破裂，无暇顾及孩子时，会让孩子产生被抛弃的感觉。这种童年的心理创伤，会导致这些孩子长大后一直封闭在自我的世界里，敏感多疑，对婚姻和人际交往有着深深的恐惧感。

四是冷漠创伤。

有些父母因为工作忙等原因，对孩子态度冷漠，疏于陪伴，没有时间去倾听孩子内心的真实声音。当孩子成人之后，心理上也会自卑敏感，渴望得到别人的积极回应，一旦发觉被人轻视，常常会情绪失控。

五是禁锢创伤。

禁锢创伤指的是原生家庭中的父母太过强势，他们打着关心孩子的旗号，试图去控制孩子的一切，一旦发现孩子稍有反抗，他们就会采用呵斥或恐吓的手段，将孩子的精神世界完全禁锢起来。遭受禁锢心理创伤的孩子，长大后会变得越发孤独忧郁，胆小怕事。

积极面对，自我治愈

世界上没有完美无缺的父母，有时候也许是父母的无心之失，对孩子造成了严重的心理创伤，但无论是哪一种原因造成的，我们都不要让童年的伤痛成为人生前行道路上的"拦路虎"，要学会去自我疗伤。

积极勇敢地去正视童年的创伤

面对童年创伤，有些人采取了回避的态度，故意视而不见，希望以这样的方式来让创伤随着时间的流逝淡化。

事实上，如果不去正视创伤、修复创伤，我们在童年创伤下形成的负面情绪和不良的性格特征，就如没有尽头的黑洞一般，无时无刻不在吞噬我们的生命能量，让人身心俱疲。

因此，采取故意压抑、否定的防御手段，不利于心理创伤的修复，那些被压抑的负面情绪，遇到合适的机会，反而会爆发出更强的破坏力。以主动的姿态去接纳童年创伤，直面过去，才是勇敢迈出治愈心理问题的第一步。

学会自我肯定和欣赏

敢于直面过去，也要让自己有信心面对未来。尽管在童年时有过这样或那样的心理伤痛，然而如今的我们，依旧要积极向上，笑对生活，学会肯定自己，欣赏自己，努力让未来变得更精彩。

所以，每闯过一次艰难的风雨，每迈过一道艰巨的难关，我们都要去感谢自己的奋斗和付出，即使偶尔失败了，也要告诉自己不放弃，有信心东山再起。唯有如此，我们才能在激发自我效能的基础上，逐步抚平心灵上的伤口，让自我真正地变得强大起来，成为生活的勇者。

借助外力，在人际关系中寻求支持

很多时候，治愈童年的创伤，仅凭自我心理的暗示和鼓励远远不够，还需要从外界找寻可以依赖支撑的力量。

比如，在日常的人际交往中，我们应当打破内心的封闭圈，积极地融入周围环境中，获得他人的理解、尊重和支持。当我们被亲密和谐的友情、爱情所包围时，心理需求会得到极大的满足，曾经的心灵创伤自然也会慢慢地被抚平、被治愈。

走出自我，超越自我

有着童年心灵创伤的人在潜意识的心理层面，还常会把自己定位为一个"童年小小的我"，陷在过去伤痛的泥沼中难以自拔。

其实，我们应当充分意识到，现在的"我"已经长大，有足够的能力去保护自己，应对一切，童年的伤痛只是生命长河中一朵小小的浪花而已，应当以从容的姿态向前看，用微笑去迎接新的开始。

当我们能够走出童年创伤的泥沼时，自然就会心胸豁然开朗，所有的纠结、痛苦和不安，也都会随风而散。

学会治愈自己，学会和原生家庭中的父母和解，跳出被童年创伤所编织的负面情绪"罗网"，我们就能获得真正的成长。

家人的过错不是失败的借口

  一个人的成长发展，和原生家庭之间有着千丝万缕的联系，也深受原生家庭的影响。然而，我们应当认识到的是，成年之后，真正能够决定我们人生规划和发展高度的，还是我们自己。当自己在拼搏努力后有了广博的知识、开阔的眼界以及博大的胸襟时，自然就能牢牢掌控自我命运的发展方向，成功摆脱原生家庭带给我们的种种负面影响。要知道，原生家庭的伤害，并不是你无法获得成功的借口。

♡一切都是父母的错？原生家庭：这个锅，我不背

  有一句话说得非常好：失败的人总是在为自己的失败找借口。生活中这样的人也确实不少，当他们的工作、事业遭受挫折时，他

们不是积极从中吸取经验教训，而是第一时间去查找导致自己失败的"来龙去脉"，然后把失败的责任一股脑地推给其他人，自己反倒成了最为无辜的受害者。

很多时候，这些人就常常从原生家庭中"寻找原因"，认为当初都是家人的错，童年不幸才导致现在的自己处处碰壁、事事不顺、命运多舛。

为了强调自己理由的充分性，这些人在责怪原生家庭时往往会这样振振有词地说："我觉得自己都非常努力了，但依旧什么也改变不了，日子过不好，原因就在于我的原生家庭没有给予我充分的爱和支持，我恨他们。""如果不是当初父母对我冷漠无情，我就不会有这种暴躁的性格，人际关系也会好很多，我的人生之路就会平坦多了，现在这种失败的局面都是原生家庭造成的，要怪就只能怪他们。"

就这样，在他们固执的偏见下，"原生家庭之罪"成了"万恶之源"，一切都是父母的错，和自己无关，他们也以此为借口获得心理上的安慰和平衡。

渐渐地，当他们习惯了以原生家庭作为失败的"挡箭牌"后，自身所遭受的一切苦难、挫折等，就都显得理所当然了，再也不会从自己的身上寻找失败的原因。

在文浩童年的印象中，他有一位非常严苛的父亲。平日里，父亲不苟言笑，神色冷峻，缺乏亲近感，对文浩的学习情况也很少过问，父子之间很少有敞开心扉的交流。

由于父子之间缺乏有效的沟通，文浩和父亲之间的关系越来越疏远，随着年龄的增长，这种冷漠的家庭氛围也对文浩的性格产生了很大的影响，他变得孤僻暴躁，做事冲动易怒。

第三章　自我救赎，与过去和解

大学毕业后，文浩前前后后进入好几家公司工作，不过每一次，文浩都没能工作多久，最长的也不过半年。这是因为他性格偏激，经常在工作中和同事爆发矛盾冲突，被同事疏远的他，不是主动离职，就是被公司人力资源部门委婉地劝退。

眼看着同班同学在毕业后都有了稳定的工作，事业发展进入了上升期，只有他在多家公司之间跳来跳去，焦虑的他认为既然和同事合不来，干脆就走上了创业的道路。

然而，创业也不是文浩想象中那般容易，虽然少了和同事之间的矛盾，但又多了维护和处理客户关系的内容。自然，因为暴躁、易怒、不善于沟通等性格原因，尽管文浩有想法，有创意，但没能拉来多少优质客户，他的创业之路也中途夭折。

一晃已经将近三十岁的文浩，依旧一事无成，事业、爱情、婚姻都好似和他绝缘一般，怨天尤人的文浩没有好好从自己身上寻找失败的原因，反而将这一切都归咎到父亲的身上，抱怨如果不是父亲当年对他太过严苛，让他养成孤僻、冲动性格的话，也许他的人生发展会顺畅很多。

文浩的事例在现实生活中很具有代表性，在原生家庭中，父母在亲情和家庭教育上，或许有很多做得不够好的地方，对我们的身心造成了或大或小的伤害。但原生家庭的伤痛，绝不是我们失败或无法获得人生幸福的全部原因。

因为长大成人的我们已经有足够的能力去面对人生的风雨，原生家庭的影响力对我们造成的负面影响也会越来越微弱，很多时候是因为自己不够努力，缺乏上进，不去积极地改变自我，才导致人生和事业发展停滞的局面，如果一味怪罪原生家庭，就显得太幼稚和不负责任了。

学会释怀和原谅，向前看，强大自我

原生家庭固然对我们的人生发展带来了一定的影响，然而我们在未来道路上的成功和失败，很大程度上取决于我们是如何对待这些影响的。

换句话说，在亲情和家庭教育上，原生家庭中的父母有很多做得不够好的地方，不过决定人生胜败的关键，就在于我们以什么样的态度对待它，只有积极面对，放下抱怨，用心去改变，我们才能向阳而生，在拼搏追求中拥有自己想要的生活。

佳佳的故事可以给我们一些启示。

佳佳是家里面的老大，她还有一个弟弟。在佳佳的印象中，她的父母有着较为严重的重男轻女思想，自从弟弟出生后，他们几乎将所有的爱都给了儿子，而对佳佳这个女儿却缺少足够的亲情。

小时候，佳佳的日常生活是围绕着弟弟转的。弟弟受了什么委屈，爸爸、妈妈就会把怨气都撒在佳佳头上，认为她没能照顾好弟弟。至于新衣服、新玩具也都是先紧着弟弟穿戴、玩耍，佳佳只有在一旁羡慕的份儿。

所以，在整个童年的记忆中，佳佳很少能感受到来自父母的温暖，更多的是嫌弃、忽视和漠不关心，这也让佳佳一度和父母的关系非常紧张，性格上也曾极度自卑、敏感，她时常恨自己为什么会生在这样的原生家庭里面。

上了大学之后，佳佳接触到了外面更为广阔的世界，思想、精神开始变得独立起来，也从此开启了自我心灵的救赎之路。她积极融入学校的大集体中，鼓起勇气去参加各种比赛活动，在扩大自己交际圈的同时，也让快乐阳光将内心的童年伤痛驱散，逐渐强大和

第三章 自我救赎，与过去和解

丰富内在的精神力。

学会放下和原谅的佳佳，毕业、入职都十分顺利，职场上开朗且努力上进的她，很快就能独当一面，不仅事业稳定，也如愿收获了美满的爱情。

佳佳的故事告诉我们，原生家庭的错，不是我们"过不好"的理由。虽然她的原生家庭并不是太幸福，但她并没有将家人的过错当成自己消极颓废的借口，依旧在穿越亲情的隔阂和阴霾后，活出了自己精彩的人生。

有人说，你对生活的态度，决定了你未来的模样。懂得释怀，才能让心灵腾出更多的空间，将更多的美好装进去。在对原生家庭的问题上也应如此。

面对原生家庭带来的伤痛，我们不要一味地指责和抱怨，要果断抛弃执念，敢于去打破封闭自我的精神枷锁，然后怀揣积极的态度，通过后天的努力，让我们的人生向着更好的方向前进。

积极改变,走出泥潭

在原生家庭中遭受的伤与痛,常常令人情绪低迷,迷茫彷徨。当我们深陷原生家庭的情感泥沼中时,请不要一味抱怨,也不要自甘颓废,而应该勇敢地活在当下,接纳自己,并积极地去改变,努力走出泥潭。一旦突围成功,你便是光。

♡ 改变,才能拥抱希望,获得新生

很多人在审视自己的原生家庭生活时,常常用"一地鸡毛"四个字来形容,认为里面存在着很多让人不舒心、不满意的地方,然而想要摆脱目前的局面,却又发现自己力有未逮,不知所措,缺乏目标和方向。于是在暗淡的心境下,曾经意气风发的人,就这样渐渐被原生家庭无尽的"泥潭"吞没,成为生活的失败者。

认清自己，理顺生活

是不是一旦陷入原生家庭的泥潭，就没有走出来的希望呢？自然不是！放弃对生活的追求，熄灭内心的"理想之光"，这些都是懦弱者的行为，越是逃避现实，就越容易被泥潭巨口吞噬，直至再也挣脱不出。

真正的勇敢者，在面对原生家庭的困境与伤痛时，反而越挫越勇，他们从接纳自我、改变自我出发，积极寻求"柳暗花明"的新生和突破。

张明的原生家庭，就曾给他的童年生活带来诸多创伤。每次做错事，他的父亲就会毫不留情地讽刺挖苦他，说他什么事情都不会做，什么也做不成，极尽各种打击。

有一次，张明自己制作了一个有趣的玩具，父亲那段时间正巧遇到了一些生意上的问题，心情不好的他拿张明撒气，一把夺过张明手中的玩具，狠狠地摔在了地上，指责儿子没有好好学习。

从小到大，原生家庭对张明带来了许多心灵和精神创伤。难能可贵的是，张明在长大成人后，并没有去责备父亲，也没有让自己陷入悲伤、沮丧的负面情绪中去，他反而积极地调整心态，努力按照自己的意愿去生活、去拼搏。最终认真对待自己事业的张明，终于在业内闯出了一番名气，功成名就的他，也成功摆脱了原生家庭创伤对自己造成的人生阴影。

古人云："凤凰涅槃，浴火重生。"暂时被原生家庭的泥潭所束缚并不可怕，可怕的是我们对未来丧失了信心和勇气，甘愿成为令人痛苦的泥沼的"俘虏"。

事实上，如果我们能够把眼光放得长远一些，能够站在一定的人生高度去看待问题，我们自然就会发现，原生家庭中的伤痛、困苦、坎坷等磨难，在日益强大的我们面前，终将变得模糊，在时间

076

的长河里，也只是一朵朵短暂翻腾的浪花而已。

由此可知，当自我被原生家庭的泥潭暂时束缚时，要树立信心，不要给自己贴上失败的标签，也不要被负面消极的情绪所笼罩，更不要和内在的自我对立，而应当顺势而为，勇敢地从接纳当下开始，从积极地改变自我做起，努力去寻求自由和解脱的办法。

积极改变自我并不难

面对原生家庭带来的困扰，在种种不如意的境遇下，选择逃避不是好的解决办法，我们要有勇气去迎接生活中的困难和挑战，让生命因此变得精彩且充实。

自然，这一切的前提，都要从积极地改变自我开始，唯有改变，才能卸下沉重的思想包袱，打破自我封闭的沉闷局面，轻装上阵，在阵痛中羽化成蝶。

直面自己的感受

很多时候，在面对原生家庭的伤痛时，我们会选择视而不见的方式，试图逃避或掩盖这种伤痛，但往往越是回避，越是让负面情绪在内心酝酿发酵，随着时间的推移，这些长期被刻意压制的负面情绪反而会更加持久和强烈，最终演化成为我们人生路上的"绊脚石"。

比如，一些在原生家庭中受过伤害的人，如果不能直面童年的伤痛，努力融入新的生活，这些伤痛就会伴随他们一生，永远在原生家庭阴影的笼罩下难以解脱。

明白了直面伤痛的意义，我们就应当有勇气去正视自身的感受，大大方方地承认它的存在，然后选择和解与原谅，这才是自我救赎的最佳出路。

寻求外界情感的安慰

面对来自原生家庭的伤害，不要灰心丧气，也不要一个人躲在角落里疗伤，而是应积极勇敢地走出来，从身边的朋友、亲人处寻求情感的慰藉，取得他们的理解与支持。

培养自己的兴趣爱好，树立积极的心态

当一个人深陷原生家庭的泥沼时，是向上走还是继续深陷下去，和自我的心态、情绪有着密切的联系。心态积极，眼前的景物自然都能呈现出多姿多彩的色调；心态消极，即使是良辰美景，也会满腹愁肠，怨天尤人。

所以，要想改变颓废的心境，平日里就应多方面去培养自己的兴趣爱好，如跑步、登山、读书、绘画等，通过这些兴趣爱好来调整自己，将我们从焦虑不安、患得患失的悲观心态中解脱出来，一旦心怀阳光，无畏未来，前路必然是无限坦途。

积极自救与自渡

老子说:"胜人者有力,自胜者强。"当置身于原生家庭的困境中时,我们要学会积极地自救与自渡,为自己制定一个清晰可见的奋斗目标和切实可行的行动计划,不气馁,不自弃,不断提升自己,追寻更好的人生。

第四章
以爱之名，让自己变得更好

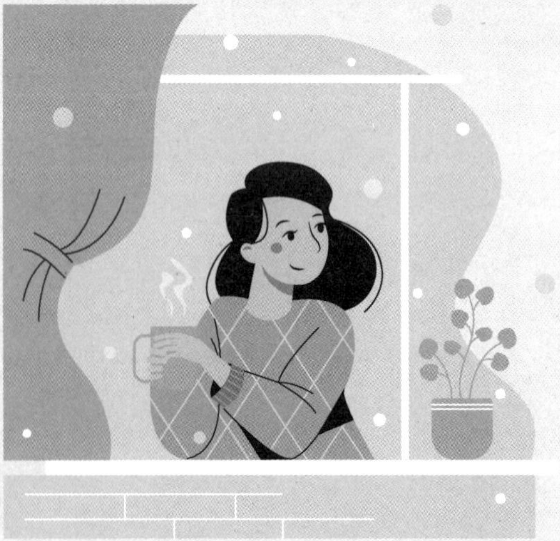

爱，是一种温暖的情感；爱情，也是人类社会生活中永恒的主题。在我们的生命中，信任、支持、欣赏、依赖等让人精神和心灵都备受鼓舞的力量，大多来自至死不渝的爱情。因为爱，我们有勇气去面对未来风雨的挑战，重新生发出对生活的热爱与热情。所以，我们要学会好好爱别人，也要好好爱自己，以爱为名，从爱和珍惜出发，努力成为更好的自己，感谢生命中相逢的每一个人，不负遇见。

彼此欣赏，真爱是两个人的情投意合

真正的爱情是什么？对世间的男男女女来说，这是一个看似简单，却又非常难回答的问题。正如词中所说的那样："问世间，情为何物，直教人生死相许。"事实上，人世间真正的爱情，是男女双方彼此的欣赏，是心灵上的相通，更是建立在相互珍惜上的情投意合。

相互欣赏的爱，才是真正的爱

有人说，在这个世界上，最为美好的事情就是让自己投入地去爱一个人，全身心地沉浸其中，享受被爱情滋润的美妙体验。

诚然，每个人都有爱和被爱的需求，也都希望在经历了一番寻寻觅觅的过程之后，寻找到心目中理想的"知心爱人"。所以，当

认清自己，理顺生活

遇到心动的对象，在爱的魔力牵引与召唤下，我们会义无反顾地投入情深意浓的爱河中。

问题是，是不是遇到了让自己心动和喜欢的人，去追求，去牵手，就意味着我们已经获得了真正的爱情呢？其实不是。我们需要明白的是，真正的爱情是相互欣赏，你的眼里有我，我的眼里也映照着你的身影。

柳雪就曾遇到一个让她无比心动的男孩。

对方拥有高高的个子和俊朗的外表，还是一名篮球爱好者，篮球场上，他矫健的身姿让本也热爱篮球的柳雪一见倾心，感觉她苦苦寻觅的意中人就是眼前的这名男孩。

柳雪性格外向开朗，当她认准了对方是自己心心念念的另一半时，就对这名男孩展开了激烈的追求。刚刚坠入爱河的柳雪，沉浸在对两人美好爱情世界的甜蜜幻想中，她想着和对方一起步入神圣的婚姻殿堂，牵手一生，白头偕老。

然而当两个人慢慢走进彼此的世界时，柳雪却渐渐感觉到他们两人之间，总是横隔着一道厚厚的"屏障"。

比如，厨艺不错的柳雪会在男友生日那天，花上好长的时间和精力，为心爱的另一半做一顿丰盛精美的晚餐，也期待能够得到对方的赞美。

可是面对柳雪费尽心思做出来的美食，男友却挑出了一堆"毛病"，不是这道菜味道有点咸了，就是那道菜感觉太油腻了，期待被夸赞好厨艺的柳雪，内心的尴尬和失落可想而知。而之后发生的事情，让柳雪不得不重新审视两人之间的爱情。

星期天，柳雪坐在沙发上看书。热爱看书学习的她，很快就被书里面的内容吸引，忘记了时间的存在。

第四章　以爱之名，让自己变得更好

前来找她的男友看到柳雪认真看书的模样，不由嘲讽说："真有小资情调，有这个时间，还不如多研究研究怎么赚钱好。"

男友说完，顺势坐在柳雪的身边，给她长篇大论地讲起如何投资生财，憧憬着怎么样才能快速成为有钱人。

那一刻，望着男友夸夸其谈、眉飞色舞的样子，柳雪彻底清醒了，一直以来，她都是毫无保留地爱着对方，而男友对她的爱始终是一种敷衍和应付，更为关键的是，他们两人在三观上存在着严重的分歧，注定难以长久地走下去。想通了这一切的柳雪，很快便向男友提出了分手，结束了这场不对称的爱情。

柳雪的故事告诉我们，不能相互理解、相互欣赏的爱情，并非真正的爱情，就像是水中月、镜中花一样，轻轻一摇，就会破裂成无数的碎片。

真正的爱情是彼此欣赏，更是两情相悦

有人说，爱情没有绝对标准的答案，全在于自我的感觉，心动了，用情了，投入了，这便是爱，即使是最后一拍两散，也算是爱过了。

的确，爱情没有绝对的标准答案，但真正的爱情，绝不仅限于有感觉，它需要双方全身心地投入，彼此之间能够做到相互理解、相互欣赏和相互包容，情投意合，心心相印。

西汉时期，有个叫司马相如的书生，有一次，他前往四川临邛当地富甲一方的卓王孙家中做客，在这里，他遇到了卓王孙的女儿

卓文君。

卓文君也得到了司马相如来家里做客的消息，她早就听闻司马相如的大名，知道小伙子风度翩翩，才气过人，因此当司马相如进入书房后，卓文君便悄悄躲在厢房外暗中观察，一见之下，果然像她想象中那样，是一名儒雅风流、英俊健朗的美男子。那一刻，卓文君芳心乱跳，她知道眼前人便是意中人。

而司马相如也早已知道卓文君是鼎鼎有名的大才女，容貌出众，通诗文，精音律，堪称才貌俱佳。所以为了引起卓文君的注意，他特意当众弹了一首《凤求凰》，以表达自己对卓文君的爱慕之情。

"闻弦歌而知雅意。"就这样，两个相互倾慕、彼此欣赏的才子佳人走到了一起。他们的婚姻大事尽管遭到了卓王孙的反对，但一心一意爱着司马相如的卓文君毅然离家出走，选择和司马相如共度余生。

尽管婚后的生活无比清贫，大家闺秀出身的卓文君却能放下身段，和丈夫司马相如一起当垆卖酒，因为她爱的是才高八斗、满腹经纶的司马相如，物质上的贫乏，并不能影响两人的感情，在患难与共中，他们上演了一段传唱千年的爱情佳话。

司马相如和卓文君的爱情故事曲折动人，它也向世人诠释了什么是真正的爱情。

首先，真正的爱情，不只是一见钟情的喜欢，更多的是三观上的一致。

陌生的男女之间，为什么会产生爱情火花呢？关键在于，两人之间有着共同的是非观和价值观，有着行动一致的目标追求，三观一致，精神和心灵高度默契，心有灵犀一点通，才能深深吸引住彼此，在美好的爱情天地里长长久久地走下去。

其次，爱是双向的，需要彼此关心，相互接纳与包容。

观察生活中那些甜蜜的恋人不难发现，两个真心相爱的人，一定是敞开心扉、毫无保留地接纳对方、包容对方，也一定是把自己认为最好的东西留给对方，关心和呵护成了他们彼此相爱最为牢固的情感基石。即使遇到风风雨雨，也会相互鼓励，携手渡过难关，让时间和磨难来检验双方爱情牢不可破的纯度与深度。

如果只是一方单纯地爱和付出，而另一半却心安理得地接受对方无私的付出，这样卑微、畸形的爱，注定难以长久地维持下去。

最后，彼此尊重，遇到问题时，能站在对方的角度思考问题。

真正的爱情，是双方都能做到充分尊重对方，替对方考虑。也许在柴米油盐的琐碎日子里，彼此难免会有磕磕绊绊，闹一些小矛盾，不过当双方冷静下来之后，都会从对方的角度去反思自我，理解包容对方，然后各自退让，和好如初。

真爱，是这个世界上最为美丽动听的词语，是两颗心的交融碰撞，也是彼此灵魂的对话和交流，彼此懂得珍惜的两个人，才能在爱情的琴弦上弹奏出最为和谐的音符。

从"我"到"我们",如何在爱情中做自己

爱情是人们情感关系中最为美好的体验之一,当我们以幸福的姿态投入爱的世界时,也意味着从"单一的我"过渡到了拥有另一半的"我们"。从"我"到"我们"的过渡完成,不单单是在情感的天地里多了一个知心相爱的伴侣,更为重要的是,相爱的两个人,还要能够做到相互关注,也就是将爱与被爱的视角从"我"转换到"我们"身上。当然,当我们幸运地遇到了爱情之后,也不要被爱情冲昏了头脑,迷失了自己,而要能保持清醒独立,不予取予求。

相爱,要完成从"我"到"我们"的角色转变

爱情,是两个人的事情。在未爱之前,我们都是单个的自我,

有自己独立的工作、事业与生活,然而进入爱情世界之后,"我"和"他/她"结合在一起,就组成了"我们"的两人亲密世界,这样的转变过程,就意味着单个的自己,在不知不觉中就完成了从"我"到"我们"角色的转变。

从"我"到"我们"角色的变化,不仅是简单的数量上的增加,更多的是要懂得在接受爱、享受爱的同时学会去付出爱。

枫蓝和丈夫是在一次朋友的聚会上认识的,丈夫高高大大,谈吐优雅,让枫蓝一见倾心,她从对方的身上感受到了满满的安全感,于是在一番深入的了解后,两人幸福地步入了婚姻的殿堂。

新婚第三天,在枫蓝的催促下,两人开始了蜜月之旅,动身前往西欧旅行。

在西欧旅行期间,性格开朗、外语流畅的枫蓝,几乎包揽了旅行中大大小小的各种事项,比如旅行目的地的选择,和当地导游的沟通以及餐饮住宿的安排等,都是枫蓝一个人跑前跑后忙碌着。

一晃十来天的时间过去了,虽然枫蓝还沉浸在新婚的喜悦中,但是连日的奔波忙碌也让枫蓝心里面涌动着小小的烦躁情绪,终于在一天晚上准备休息时,因为丈夫没有主动给她倒上一杯暖暖的牛奶,枫蓝压抑已久的不悦彻底爆发了。

"我说你这一段时间是怎么回事,就不能好好照顾我一下吗?以前你可不是这样,温柔体贴,像个暖心的大哥哥,难道刚结婚就变了吗?"枫蓝越说越委屈,情绪激烈的她,竟然低声抽噎起来。

枫蓝突如其来的情绪变化,也让丈夫一时之间变得手足无措,

第四章 以爱之名，让自己变得更好

他先是去安慰枫蓝，等她冷静下来后，丈夫这才解释说："我知道这段时间自己做得不够好，看你每天忙来忙去的也非常心疼，可是外语是我的弱项，很多时候我想要帮忙也无从下手。最近我也没有考虑到你的情绪，但结婚后我们就成为一体了，有什么事情可以告诉我，我们静下心来慢慢商量好吗？"

丈夫主动的解释和示好让枫蓝破涕为笑，尤其是丈夫那句"结婚后我们就成为一体了"，更是在不经意间触动了枫蓝的心弦，让她心生无限感慨。

这段小小的旅行插曲，还让枫蓝进一步意识到，以前的她太过习惯于对方的关心和体贴，从两人恋爱时起，衣食住行都是丈夫在背后默默地打理一切，她无须过多地操心，只"坐享其成"即可。然而，现在新婚蜜月旅行，自己只不过是多了一点主动和担当，就觉得委屈万分，如果换位思考，难道以前丈夫无微不至地照顾她就是理所当然的吗？只考虑自己的感受，只是沉浸在自我的情绪中难以自拔，就说明自己还没有能够完成从"我"到"我们"的角色转变。

枫蓝的故事很有代表性，当两人相爱后，两个单个的"我"双向奔赴，成了"我们"，更应该换位思考，去照顾彼此的情绪，感受爱，享受爱，也应去付出爱，而不是一味地索取，更不应该得不到满足就无休无止地抱怨。

既然相爱，既然"我"和"你"成为"我们"，就应当积极主动地去爱对方，而不是一味地坐等着对方的爱和呵护，唯有如此，我们才能真正将爱的视角从"关注自我"转为"关注我们"，在爱情中完成人生的转变和成长。

在爱情中除了关注我们，还要做自己

从"我"到"我们"的角色转变，对于沉醉在爱河中的男男女女来说，是两人之间情感关系的一次质的飞跃，说明彼此已经意识到了要将爱和被爱的重心放在"我们"上面，得到爱也要真心真意地去付出爱。

然而在另一方面，当我们投入爱情中时，无论你遇到的是怎样的一个人，无论相爱是多么的甜蜜，多么轰轰烈烈，我们还需要认识到的是，在两个人组成的爱情世界里，置身其中的每一个人，都不应丢掉做自己的资格，莫要在感情的世界里迷失了自己。

其中的原因在于，爱是为了让自己和另一半都能幸福快乐，而不是以牺牲自我、委屈自己的方式来维持那并不牢固的虚假爱情，任何时候，都不要丧失自我的独立性。

在爱情中完成从"我"到"我们"的角色转变时，如何在这段感情中更好地做自己，有这样几个小小的建议供参考。

首先，明确爱情的本质。

爱情的本质是在爱的滋润和鼓励下，实现自我更好的成长。而成长的方向，是彼此都能做到精神上的高度自由。

换言之，我们在爱着对方的同时，也要满足自己精神和心灵自由的内在需求。

爱情中的任何一方，如果在相爱时发现自己处于受羁绊的地位，或者是遭受另一半施加的精神伤害，这就意味着所谓的爱已经变质了。这时的我们，就应当试着去改变，绝不做卑微的自己，也绝不以依附另一半的方式存在。

第四章　以爱之名，让自己变得更好

其次，在爱情中请保持独立性，不要过分地去索取。

有时候爱情中的男方或女方简单地将爱理解为占有和索取，他们过分地去透支爱情的额度，超越分寸地要求对方为自己做这做那，丝毫不考虑对方的情绪感受。

这样的一种爱，一方看似占据了爱的主动位置，实际上却在不知不觉中将对方推到了自己的对立面，一味予取予求，到了最后会让彼此都伤痕累累。

在爱情中做自己，如果自己有真实的需求，请和另一半开诚布公、心平气和地沟通，然后一起去努力、去追求，而不是一味地情绪化。

最后，敢于展现真实的自我。

从个人情感上看，爱是自我真实情感的流露，越真实，越自然，爱才越纯粹。

有时候一些人或许是因为太在乎这份爱，也或许是缺乏足够的自信，在彼此相爱时，时时患得患失，害怕失去和分开。出于这样的心理，他们常常选择隐藏自己的种种弱点，在曲意讨好中渐渐将当初的自己给遗忘了，不敢展现真实的自我，自然也就失去了"做自己"的资格。

理解和尊重是爱情的保鲜剂

爱情是人类情感生活中最为重要的一个组成部分,当我们沐浴在爱河之中时,享受到的是温馨和甜蜜的滋味。不过在爱情中也常常有不和谐的音符出现,也许一道小小的裂缝,就会导致爱情之花的枯萎与凋零。想要让爱情保鲜,就应当相互理解和尊重,以此滋养爱情,让爱情之花常开不败。

爱情为什么不能长长久久

爱情是如此的美好,拥有爱情的人是幸福的,然而,很多在爱情之初花前月下、山盟海誓的男女,在经历了爱情最初的浪漫和甜蜜之后,会在平淡琐碎的日子里陷入各种各样的情感危机,彼此争吵、指责,互不相让,渐渐地让曾经无比真挚的爱情变了味道,白头偕老的誓言也随风而去，最后一拍两散，各奔东西，令人感慨唏嘘。

所以，有人把爱情比喻为一件精美的瓷器，看起来美轮美奂、坚固无比，实际上它非常脆弱，经不起一点磕碰，一旦裂缝形成，如果不能细心呵护，尽快弥合，日后稍微一用力，这件精美的艺术品就会破裂成无数碎片。

人们不由心生疑问：为什么爱情就不能像最开始时那样，一直甜甜蜜蜜、长长久久下去呢？双方矛盾纠纷的根源，主要是什么呢？小雅的爱情故事，或许可以给我们一些启发。

小雅和丈夫属于一见钟情，两人在一次商业谈判中相识，彼此倾慕欣赏，经过一段时间的接触了解，小雅接受了对方爱的表白，两人走在了一起。

在相识之初，男友就一再对小雅表示，如果以后两个人能真心相爱，他会全力以赴去赚钱养家，而小雅可以当一个悠闲的"全职太太"，一个主外，一个主内，把他们小小的家打造成最温馨的天地。

因此两人成婚后，小雅对他们的美好未来充满了无限的向往，无比憧憬着被宠被爱的幸福甜蜜。每天当丈夫出去工作时，小雅就待在家里，准备好一日三餐，把家里上上下下都打理得井井有条。

不过时间久了，小雅慢慢发现他们两人的爱情生活出现了一些令人不愉快的现象。比如对饭后洗碗拖地这些家务活，丈夫直接当起了甩手掌柜，不仅如此，他还对一直忙忙碌碌的小雅视而不见。

一次晚饭后，丈夫又让小雅给他泡一杯茶端过来，这一次，小雅往日积压的委屈和怒火终于爆发了出来，她指责丈夫说："我洗衣做饭，也是忙了一天，自己想喝水自己去倒。"

丈夫听了不以为意地说："你怎么忙了？一直在家不用上班，多舒服！难道做一点家务不应该吗？如果你觉得自己实在辛苦，说一声我也可以帮你做一点。"

丈夫的话语彻底激怒了小雅，她怒气冲冲地反驳说："难道不上班就是休息吗？你知道不知道一日三餐、收拾家务并不是一件轻松的事情，你真的没有一点同理心。再说了，说什么帮我做一些家务，难道这个家不是你的家，是我一个人的吗？"

小雅的一番话，让对方无言以对，恼羞成怒地夺门而去。

故事中的小雅和她的先生，他们的爱情生活之所以会亮起"红灯"，其中一个很大原因就出在先生身上。在男方的潜意识里，小雅在家不用工作，就应当有义务承担起全部的家务劳动，这样的看法，显然是男方对小雅在这个家庭里辛苦付出的片面认识，没有做到换位思考，不能真正地去理解小雅的种种辛苦。

再者，正如小雅所说的那样，这个家是他们两个共同经营的，丈夫怎么能说去"帮"小雅做家务呢？他的这一说法，好像自己是一个可以袖手旁观的局外人一样，言辞之间是对小雅极大的不尊重。

事实上，对爱情双方来说，彼此之间的关系是平等的，如果相互之间不能做到相互理解和尊重，就会埋下矛盾纠纷的"种子"，当误会越来越深时，美好的爱情就会被蒙上一层厚厚的阴影。

对处于爱情关系中或婚姻生活中的男女，正如心理学家阿德勒所说的那样："婚姻是平等的合作关系，没有哪一方必须凌驾于另一方之上。"

爱情保鲜的秘诀：给予充分理解和尊重

真正的爱情，是彼此间的相互尊重，一起携手去面对生活中的风风雨雨，你的眼中有他或她的存在，他或她的眼睛里面，也倒映着你的身影，彼此心心相印，理解尊重，包容沟通，才能和和美美地走下去。

换句话说，尊重、理解和包容，是爱情最为重要的支撑。爱情中只有甜蜜的语言是不够的，还要理解对方，尊重对方的行为、想法和感受，让对方感到有尊严、被重视。

在朋友眼中，秦宇是出了名的"好男人"，对妻子言听计从，时时刻刻注重照顾妻子的情绪和感受。

比如，有时候朋友之间聚会，其他人都是一呼百应，而秦宇这个时候总是笑着说："稍等一下，让我问问妻子的意思，看看今天有没有什么要我做的事情。"

面对大家善意的嘲笑，秦宇也大大方方地回应说："我们出去潇洒了，但想一想妻子也是上了一天班，回家还要做很多家务，付出更多，比我更辛苦，我不能光顾着自己玩乐。"

生活中的秦宇，也的确是一个勤快踏实的好男人，只要回到家中，他都会给妻子一个大大的拥抱，然后询问有什么家务活需要他做。即使妻子表示没有太多的事情可做，秦宇也是力所能及地去分担一些家务，尽可能地减轻妻子的压力。正因如此，两人从谈恋爱到结婚，从来都是以幸福甜蜜的样子出现在众人的面前，也让大家羡慕不已。

实际上，秦宇的行为是对妻子最大的尊重，在爱情和婚姻生活中,任何一方都不能太过自我,只有建立在相互尊重和理解基础上的爱情,才能让彼此情感联结的纽带更牢固。

那么,如何做到理解与尊重呢?

首先,要学会让步,懂得退让。

也许我们相爱的另一半身上存在着一些或大或小的缺点,但在双方共同经营美好爱情生活的大目标下,任何一方在遇到矛盾纠纷时都要懂得妥协,关注对方的情绪感受,在意对方的尊严与面子,用爱去包容对方。倘若一味地以自我为中心,只想让对方付出更多,屈服于自己,那么这样的爱情关系注定双方难以长久地走下去。

其次,要保持密切的沟通,多陪伴。

爱情中的两个人要做到相互理解、彼此尊重,前提是要密切沟通。双方应开诚布公地交流,在沟通时不指责、少唠叨、多倾听,能够站在对方的角度换位思考。很多时候,当我们站在对方的立场了解其感受后,就会更加深入地理解对方,关系也会更加亲密。

沟通之余,应抽时间多陪陪对方,比如一起散步、读书、看电影娱乐、外出旅游等,也可以适当制造一些小小的惊喜和浪漫。所有这些,都会让对方感受到被尊重,你也会因此成为他或她眼中"最好的爱人"。

让爱延续，婚姻不是爱情的终点

爱总要开花结果的，而婚姻就是见证两个人甜蜜爱情的最好方式。只是有些人在步入了婚姻的殿堂之后，突然发现曾经的卿卿我我、山盟海誓不见了，剩下的只是柴米油盐的琐事和烦恼，于是他们就心生疑虑，难道是婚姻终结了爱情吗？当然不是，婚姻绝不是爱情的终点，相反，它是爱情进一步的凝结和升华。

婚姻是爱情的坟墓吗？当然不是

生活中，一些处于恋爱期的男男女女在谈到婚姻时，常常有"恐婚"的表现。在他们眼中，两个曾经无比相爱的人一旦进入了婚姻模式，就会因为琐事、金钱以及其他事情，很快从亲密的恋人变成争吵的"敌人"，这种前后巨大的落差，让这些"恐婚一族"

视婚姻为危途。

为此，他们还列出了"恐婚"的诸多理由：

"只是恋爱多好，自由自在，两个人想在一起就在一起，不爱了就分手，结了婚多麻烦，无形中给自己套上了一个沉重的枷锁。"

"我不想结婚，很多男人一结婚就变了，把妻子当作一个全职保姆来看待，任劳任怨，辛辛苦苦付出，最后还得不到理解，想想就害怕。"

也有一些结了婚的人士，也因为家庭中的摩擦和矛盾，对婚姻横加指责："原以为结了婚会更幸福，谁知道三天一小吵，五天一大吵，真是受够了。"

在这些人的眼中，婚姻就像小说中所说的那样，是一座厚厚的围城，没有进去的人想进入，进去的人想出来。以至于他们在受了感情的伤害之后，会发出各种各样的感慨，认为婚姻就是爱情的坟墓，在婚姻模式下，一旦当初恋爱的激情退去，在各种各样的矛盾纷争中，会把双方期待的美好爱情给彻彻底底终结掉。

紫君和蓝月是一对好闺蜜，两人从同一所大学毕业，毕业后又留在了同一座城市，先后相继结婚成家，都有了自己的归宿。

不过婚后，紫君、蓝月两人对婚姻有了截然不同的看法。紫君结婚后，小夫妻的生活过得幸福美满，相敬如宾，两人的感情似乎比恋爱时更亲密了。

而蓝月就不同了，作为一名"爱情至上者"，她对自己的婚姻生活各种不满意，处处抱怨，认为这不是她想要的美满爱情。

有一次，蓝月和紫君小聚，言谈中，蓝月开始大倒苦水，对着好朋友诉说着自己婚姻的不幸。说到最后，她表示要尽快离婚，要不然她会疯掉。

第四章　以爱之名，让自己变得更好

"为什么要离婚？他不是非常爱你吗？"紫君有点惊讶地询问说。

"什么爱不爱的。结婚前他倒是不错，像个暖男，对我嘘寒问暖，现在倒好，结婚后不知道珍惜了，每天除了上班，大部分时间出去和他的那些朋友喝酒玩乐，每天都很晚才回家，朋友比妻子还重要，还经常喝得酩酊大醉，你说这样的婚姻还能继续下去吗？"

紫君听了笑了，劝道："你看你，还是小女生的脾气，虽然你们结婚了，但他也要有自己的交际圈呀，总不能天天在家守着你！你家那位的情况我也很熟悉，事业心强，忙加班，谈项目，天天也挺累的，你不能只考虑自己的感受，也要多去体谅、关心他。"

紫君的话语让蓝月若有所思，紫君继续劝解说："我家那位其实也是这样，婚前和婚后的行为表现确实不一样，少了浪漫，不过却多了一份爱和责任。有时候他工作累了，我就故意拖着他陪我去逛街看电影，目的就是让他能够调节一下自己。还有哪天他喝酒回来晚了，我从来不去埋怨他，会熬一些醒酒的汤给他喝，劝他多休息。"

蓝月静静地听着，示意紫君继续说下去，紫君喝了一口水，接着说："要说爱和婚姻是什么，我觉得就是平平淡淡的日子里相守相知，你关心他，他心里有你，两人心心相印，婚后的生活甚至会比恋爱时更浓，也更有味道。"

紫君一番"现身说法"，让蓝月也清醒了很多。她想想自己在丈夫面前的任性和咄咄逼人，不由心生愧疚。

紫君的话语不仅点醒了蓝月，同时也告诉我们，婚姻不是爱情的坟墓，很多人认为结了婚后，在琐事的缠绕下，加上彼此神秘感和吸引力的消失，会埋葬曾经美好的爱情，显然这样的认知失之偏

105

颇，这是因为他们不懂得如何去经营婚姻，以至于让彼此的爱变了味道。

会经营的婚姻，才能让爱得到延续和升华

每个人都渴望长长久久的甜蜜爱情，也期盼在走进婚姻生活后，依旧爱得深沉和浓烈。当我们感叹婚姻失去了爱的味道时，有没有反躬自省：自己为婚姻生活做了些什么呢？有没有尽到丈夫或妻子的责任呢？

婚姻并没有我们想象中那样复杂和可怕，想要拥有幸福美满的婚姻，需要夫妻双方用心去经营，齐心合力，坦诚相待，做到这些自然就会举案齐眉，将爱情延续下去。

会经营的婚姻才是高质量的婚姻，做到以下几个方面，爱情将依旧是我们婚姻生活中的主旋律。

不攀比，不抱怨，自己的幸福自己去营造

一些夫妻在结了婚之后，总是有意无意地把自己的婚姻生活拿来和其他人的作对比，如果看到别人比自己幸福甜蜜时，就会心生怨恨，认为自己的婚姻不够好。

比如：有的妻子指责丈夫赚钱少，不能让她过上优裕的生活；有的妻子埋怨丈夫不够浪漫，每天只知道埋头工作……

实际上，幸福和金钱之间没有太大的关系，婚姻生活也不只是一味地浪漫，踏踏实实、安安稳稳才是爱情的真谛。我们需要做的是看到对方身上的闪光点，想一想我们当初为什么会喜欢上这个人，并且勇敢地和他们组建成一个新的家庭。假如在婚后双方能够继续维持这种浓烈的爱，不攀比，不抱怨，用心追求和经营自己想要的幸福生活，婚姻生活自然会甜蜜美满。

包容和大度，以真心换真情

当我们进入婚姻生活后，做到包容和大度，会让我们的爱情得到进一步的升华。

曾经看过这样一则故事：一对恋人结婚后，当两人的小家庭发生矛盾纠纷时，丈夫总是能够包容妻子身上存在着的一些小缺点，第一时间低头认错，让"战火"消失于无形。

有一次，女方问起对方为什么要这样做？男方认真地说："既然我们结婚了，就意味着要在以后的风风雨雨的岁月里不离不弃，相爱到老，所以必须彼此包容。我作为丈夫，更应该做到大度，理解你，包容你。"丈夫的真诚，让妻子感动。

婚姻的本质就是如此，当双方都能够做到真心相对、彼此包容时，夫妻之间的感情自然就不会有任何隔阂，唯有双方全力投入地去爱，才能把两个人的婚姻经营好。

认清自己，理顺生活

有智慧，重细节

幸福的婚姻，需要用智慧去经营。当夫妻双方遇到矛盾争吵时，其中的一方会委婉地给对方一个体面的台阶下，绝不去使性子，也不会潜意识地把对方当作自己的附属品，懂得用爱去包容，这样的婚姻才更能美满长久。

婚姻生活中，也要注重细节，丈夫工作累了，给他一个轻轻的拥抱；结婚纪念日到了，送给妻子一个贴心的小礼物……这样会让爱情更加甜蜜，得到升华。

有人说，没有爱情的婚姻像一潭死水。其实，婚姻需要用心、用智慧去经营和呵护，当我们用心经营与呵护婚姻，就能激活一池春水，让幸福常在。

第五章　与世界碰撞，构建完整的自己

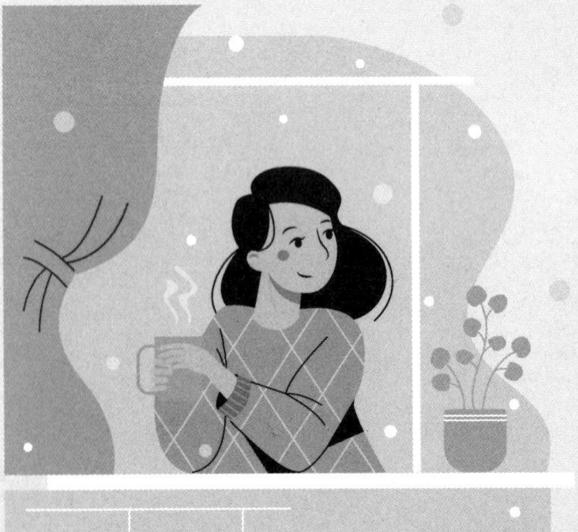

生命的重要意义，就是要有勇气面对世界，不断积极努力地探索世界、认识世界，并从中收获丰富的阅历与知识，开阔胸襟视野，一步一步提升自我，超越自我。唯有如此，我们才能从容自信、精神富足，拥有可以真正让自己坚强成长的磅礴力量，构建出一个完整的自己。

交付信任是人际交往的开始

人类是社会性生物,有着与外界交流沟通的强烈心理需求和情感需求。而建立人际交往,想要和他人构成长久稳定的和谐人际关系,信任是基石。

良好的人际关系,从信任开始

信任在人际交往过程中所起到的催化作用,无论如何夸大也不为过。

和朋友交往,有了信任,才能敞开心扉,坦诚相待,从朋友到知己,相互扶持,一路温暖前行。

夫妻之间也是如此,当彼此信任时,才能真正做到心心相印,

认清自己，理顺生活

没有无端的猜疑，就不会有无休无止的争吵，家庭内部也会因为这份信任而充满温馨幸福的气氛。

职场上的商务来往，也离不开必要的信任，没有信任作为彼此合作的基础，交易往来将很难持久地维持下去，唯有信任才能互惠共生。

有这样一则寓言故事，充分说明了信任在人际交往中的重要性。

沙漠中，有三只兔子遇到了困境，它们出来结伴游玩，却不小心迷失了方向，被困在了一望无际的荒漠中。随身携带的食物也只剩下一根小小的胡萝卜，如果不能及时找到水源，它们很快会被渴死。

可是让谁去寻找水源呢？三只兔子你看看我，我看看你，谁也不敢轻易接受这份艰巨的任务，场面一时陷入了尴尬。

最后，最小的兔子打破了沉默，它对另外两只兔子说："让我去吧，我个子小，跑得快，体能消耗也少。不过我有一个要求，就是在我去寻找水源的时候，你们一定要看好这唯一的胡萝卜，不许偷吃。"

其他两只兔子听了，信誓旦旦地保证："你就放心吧，相信我们绝不会干出偷吃的事情，一定等你平安回来。"

小兔子得到了保证，就放心地出发了。它找啊找，幸运的是，它终于找到了一处水源，小兔子高高兴兴地原路返回，回来后却发现那两个大兔子正抱着一分为二的胡萝卜，欢快地吃着。

看到这一场景，小兔子伤心极了，它是那么信任对方，却被轻易地辜负了，认清了两只大兔子的真实面目后，它头也不回地走了。而没有水源补给的两只大兔子，等待它们的命运可想

第五章　与世界碰撞，构建完整的自己

而知。

　　这个故事告诉我们，信任是彼此深入交往下去的重要前提，尤其是在遇到难关和困境时，只有相互信任，才能团结一致，众志成城，齐心合力将困难完美地解决掉，否则就犹如一盘散沙，永远不会有亲密无间的合作。

信任别人和信任自己，勇于建立"信任关系"

　　遇到了"信任危机"或"信任陷阱"时该怎么办？此时要敢于信任别人，还要信任自己。

敢于信任别人

　　要敢于信任，大胆地去信任对方，唯有如此，我们才能赢得更多朋友的信赖和支持。

　　敢于信任，勇于树立"信任关系"，我们的身边才会有更多的真心朋友。一个人信任你，双方之间就能建立深厚的友谊；得到了十个人的信任，你就能组建一支强大的团队；赢得了一百人的信任，你的这支团队，将能从容应对无数的困难与挑战，这就是信任的力量。

　　春秋战国时期，秦穆公在位的时候，打着讨伐郑国的旗号，派

认清自己，理顺生活

出精锐之师，以孟明视、西乞术、白乙丙三员大将为统帅，浩浩荡荡向中原地区杀来。

晋国也看到了秦国这次大举兴兵，果断地抓住机会，采取奇兵突袭的方式，击溃秦军，还一举将秦国三员大将生擒活拿。

当然，晋国也没有将事情做绝，最后还是将这三员大将放了回去。孟明视等人返回秦国后，羞愧难当，觉得辜负了秦穆公的信任，让秦国遭受如此的奇耻大辱。

然而秦穆公并没有把这件事情放在心上，他不仅把失败的责任揽在了自己的身上，还一如既往地信任孟明视他们，继续让他们三人担当重任。

秦国国君无条件的支持和信任，让孟明视三人感激涕零，他们也暗暗发誓一定要一雪前耻。经过几年的奋发图强，等到孟明视他们再一次和晋军作战时，终于击败了对方，秦国也由此登上了霸主的地位。

秦穆公时期秦国的崛起，一方面和秦穆公自己的励精图治有关，另一方面，也和他重用百里奚，敢于放手让孟明视等将领发挥自身的才能有着密不可分的关系，正是这份难得的信任，才使得秦国君臣上下同心，秦国得以一步步发展壮大起来。

要相信自己

要树立强大的自信心，在信任自己的基础上积极地开展人际交往，相信自己的眼光和判断。要相信别人，首先要相信自己，如果连自己都不相信，又如何信任别人。所以，要自信，相信自己的眼光和判断，先交付信任，才能获得信任。

倘若缺乏信任，相互怀疑与猜忌，无论是友情、爱情还是亲情，都将无法建立牢固的关系。唯有树立信心，交付信任，才能无往而不胜。

学会变通,世界不是非黑即白的

有些人判断事物的标准非常绝对,无论人或事,在他们眼中常常非好即坏、非对即错、非黑即白。在这种执拗认知的驱使下,他们和外部世界时常发生碰撞和摩擦,不仅不能很好地解决问题,而且常常使自己感到很受伤。事实上,世界并不是非黑即白,要懂得灵活变通。

辩证地看待事情,懂得变通

国学大师南怀瑾先生曾在一篇文章中这样写道:"刚柔者,立本者也;变通者,趣时者也。"南怀瑾先生的这段话,中心要点就是强调变通的重要性。

在和人交往时,只有懂得变通,能够做到一分为二地去处理人际关系，才能建立和谐的人际关系，获得更多的信任和支持。

相反，如果眼里揉不得沙子，非要认定对方非好即坏，非对即错，不懂得变通，那么身边将没有真正知心的朋友，永远会是一个与世俗格格不入的"独行者"。

叶天在一家制造加工企业工作，刚入职时，公司严苛的管理制度让他很不舒服。迟到早退要罚款，项目不能按时完成要扣奖金，在这方面，公司老板堪称"铁面无私"，罚起款来毫不手软。

有过几次被罚的经历后，叶天的心里更不舒服了，在他看来，老板把钱看得比什么都重要，简直就是一个不折不扣的"吝啬鬼"，所以在公司的很多事情上，叶天也总是有意无意地和老板对着干。

不过不久后一件事情的发生，改变了叶天对老板的看法。公司一名员工的家里遭遇了重大变故，生活一下子陷入了困境，这名员工的孩子刚刚收到大学录取通知书，一家人都在为孩子的学费和生活费发愁。

老板得知消息后，二话没说，直接让财务取出几万元现金，亲自送到了这名员工的手中，他还当面承诺，孩子大学期间的费用由他承担，直到孩子大学毕业为止。

平时对钱财那么看重的老板，怎么突然间变得大方起来了呢？在一次员工大会上，老板说出了他慷慨解囊的原因。

他告诉大家，作为公司的负责人，经营一家公司让他每天都如履薄冰，在激烈的市场竞争下，如果没有严格的管理制度，放任公司上上下下成为一盘散沙，那么这家公司距离倒闭也就不远了，到时大家自然都会失去饭碗，所以严厉一些是对公司负责，也是对大家负责。当公司员工有了困难，无论从企业家的情怀还是个人道义上讲，他必须站出来为员工"遮风挡雨"，钱不在于多少，关键是

第五章 与世界碰撞，构建完整的自己

能够让员工感受到公司的温暖，希望公司上下能够形成互帮互爱、风清气正的良好氛围。

老板的一番话赢得了大家热烈的掌声。而从这件事情之后，初入社会的叶天受益匪浅，扭转了他以往偏执地看待周围人和事的思维认知。从此之后，叶天也懂得了变通，遇到老板交代给他的项目，也能够积极地去完成。几年后，叶天的事业有了长足的发展，更是成为公司的"顶梁柱"。

"变则通，通则久。"要知道世界并非单一的颜色，唯有用辩证的眼光去看待外部世界，才会更加客观准确。同样，在待人接物方面，变通也是十分必要的，以灵活自如的方式开展人际交往，才能做到从容不迫，进退有度。

学会变通，培养变通思维

在人际交往以及和外部世界发生碰撞时，一个人所具有的变通思维非常重要。遇到难以解决的问题，不妨转换思路，换一种态度，换一种方式，让问题得到合理圆满的解决。

从不同的角度看待问题

面对问题，不能只看表面，要全面深入地分析，这样才能发现问题的本质，进而找到解决问题的思路和方法。

比如，与领导在工作上产生了矛盾，此时不能单纯地认为工作不好做或者领导不好相处，要分析矛盾产生的根源是什么，如果是沟通不畅引起的，那么就要转换和优化沟通方式，让工作更加顺利地开展。

接受不同的观点

每个人的想法和观点各有不同，如果一味地按照自己的观点来看待事情，不聆听和接受别人的观点，只会让自己变得狭隘，更不用谈变通了。所以，在为人处世中，要学会聆听不同的声音，接受不同的观点，这样会拓宽我们的认识边界，让我们看待问题更加全面深入，做事时更加灵活巧妙。

需要注意的是，培养变通思维并不意味着抛弃原则。必须认识到学会变通和坚持原则并非绝对对立的关系，否则我们就会又犯了"非黑即白"的偏执性错误。在坚持原则的前提下学会变通，是一个人胸襟广大和拥有智慧的体现，刚柔并济，才更有利于我们尽快实现自身对远大目标理想的追求。

可以被讨厌，不必刻意寻求认可

每个人都渴望面对真实的自己，在现实生活中，我们却缺乏勇气暴露自己的不足，总是活在别人的评价里，担心得不到认可，害怕被讨厌，以至于身心俱疲，负累前行。事实上，人生没有一个标准的定义，生命的意义由自己来赋予。在体验生活真谛的过程中，我们应当活出真正的自我，追求自己想要的精彩，不必太在乎别人的评价，也不必刻意寻求认可，要有被讨厌的勇气。

不要让他人来决定自己的价值

生活中，人们常常纠结于类似的问题：我在别人心中的位置和评价是怎样的呢？我的言行举止有没有让身边的人感到不舒服呢？

认清自己，理顺生活

基于这样的心理，从小到大，我们不知不觉中活在了别人的议论和评价里，总是期待能够得到别人的赞美、肯定和认可。

读书的时候，老师的一句表扬，会让我们高兴好几天；工作时，上司的肯定，给了我们继续努力工作的信心；人际交往中，朋友的一句"义气"，也能让我们倍感自豪，认为对朋友"慷慨解囊"的无私付出非常有价值。

期待获得他人的认可是正常的，然而如果我们太在意别人的评价，或者是刻意伪装自己，非要去寻求身边人的认可，那么就意味着我们掉入了深深的"期待陷阱"里面，手脚被束缚，不得不戴上面具去生活，自由和幸福也必然会远离我们。

有一位青年，刚进入单位时表现得非常积极。每天早上都是第一个来到单位，帮助大家打扫卫生，提水扫地，营造一个清新舒爽的工作环境。

下班时，他也是最后一个离开，关闭电源，检查门窗是否锁好。就这样，从进入单位起，他坚持了半年，切切实实做到了任劳任怨。不过一个意外的出现，让他高涨的情绪跌到了谷底。

一天下班后，青年继续像往常一样，查看办公室各处有没有疏忽遗漏的地方。这时，恰巧有两位下班晚的同事从门外走过，他们一边走一边小声议论着："咱们单位来的这个年轻人，太爱表现了，比谁都积极，是不是想获得主任的认可，尽快升职加薪呢？小心思倒不少。"另一位同事也轻声附和着，他们一路讨论着下楼了。虽然没有指名道姓，但这位青年还是知道，他们口中"爱表现"的那个人，说的就是他。

青年人一下子被伤到了，晚上和朋友相聚时，他万分委屈地说出了自己的不满，还询问朋友他这么勤勤恳恳，为什么就得不到

第五章 与世界碰撞，构建完整的自己

同事积极的肯定，他究竟哪里做错了呢？干脆以后自己也按时上下班，其他闲事一概不管不问。

朋友听后，哑然失笑，他反问青年人："你做这些难道是为了获得同事和上司的肯定吗？如果是，说明你的出发点就是错误的；如果不是，那就遵从内心的声音，认为对的事情就继续做下去，不要在乎别人的眼光和评价。"

望着青年人迷惑的目光，朋友继续开导说："如果你太过在乎他人的评价，那么你会发现无论怎么做都得不到百分百的好评，我们的人生价值，不需要别人来决定，这样说你明白了吗？"

朋友的一席话，让青年人茅塞顿开，那一刻，他郁结了一晚上的心结也彻底打开了。

青年人的遭遇很有启迪意义，实际生活中，也有很多人和他一样，太过于看重身边人对自己的看法和评价。倘若得到了正面积极的认可，就会心情舒畅、意气风发；反过来，如果得到负面的评价，顿时会心情沮丧，产生一种深深的无力感和挫败感。

太在意别人的评价，不仅丢失了自己应有的快乐，还会使我们的人生被他人的"肯定"绑架，久而久之，我们连拒绝的勇气也失去了。

需要明白的是，我们人生的快乐、意义、价值以及自由幸福，要由自己来定义，不必看别人的脸色，不必太在意他人的感受，也不需要按照其他人的意愿去做自己不愿意做的事情，戴着面具迎合身边人的想法和意见，无疑就是一种"作茧自缚"的行为。

挺起胸，勇敢做自己，为自己而活

在人生的长河里，我们要学会找寻真实的自己，听从内心的呼唤，无须太在意他人的目光，勇敢地为自己而活。

彪炳史册的"魏晋风度"，一直被后人津津乐道，人们之所以推崇魏晋风度，其中的关键就在于这些风流名士坦坦荡荡，大大方方，敢于活出自己的真性情。那么，如何更好地做到为自己而活呢？

首先要让自我拥有甘于平凡的勇气，有勇于拒绝的胆量，也有不被接纳和认可的底气，去接受真实的自己，过自己想过的人生。

人生在世，我们不是为他人而活，而是为自己，想要成为一个什么样的人，由自己来决定，敢于拒绝，不活在外人"期待"的旋涡里，我们也就拥有了勇敢面对"被讨厌"的勇气。

其次要正确认识"为自己而活"的本质内涵。很多时候，宁愿被讨厌，也绝不刻意去寻求外界的认可，并非意味着我们自以为是，固执己见。在人际关系中，我们既要拥有自己的底线和原则，也应虚心接受别人正确的意见和建议，让自己活得更优雅从容。

心存善意，让自己成为有温度的人

人生是一场自我修行的过程，也许我们无法决定自己人生的长度，但是我们可以决定人生的温度，以善良、热情和宽容的姿态与这个世界温柔相待。当我们成为一个有温度的人，我们会拥有更加积极充实的人生，站在更广阔的人生高度，构建完整的自我。

善良，是人性的底色

人性是一个非常复杂的东西，也许一个人外表冷漠，但内心却充满了柔情和温暖，有人需要帮助时，他会毫不犹豫伸出援助之手；也许一个人平日里看起来自私自利，在大是大非面前，却敢于去舍弃和奉献，让人刮目相看。

由此可知，无论哪一种人性，唯有善良才是最美的底色。人们常把善良比喻为良田沃土，扎根在善的土壤中，才能谦和大度、胸襟广大。

有这样一则小故事，富有启迪意义。

在一个大学校园里，一条蛇不小心从一处老建筑房檐的缝隙处掉落到地上，一名老教授看到后，想要把它放生，但是在无意中被蛇咬伤了。

"快把它打死，这家伙太可恨了，救它还恩将仇报。"不远处几个做实验的学生看到了，纷纷冲了过来，一面关心老教授的伤势，一面拿起棍子，就要立即结果了这条蛇的性命。

"放了它吧！"老教授见状，赶忙出声制止说。

"为什么要饶了它？刚才它还狠狠地咬了你一口。"有学生不解地问。

老教授不紧不慢地回答说："蛇伤人是它的本能，当人靠近时，它也不知道我们是善是恶，何必非要和它计较呢？再说了，蛇这类生物无善无恶，可是我们却不能丢失了善良的本性，这是做人的根本。"

老教授的一席话，让周围的学生似有所悟，他们也就听从了老教授的话，让这条蛇慢慢爬进了远处的草丛中。

善良，是人最好的品格修养之一，它是人内心深处宽容与善意的自然流露，当一个人心存善良时，他就是一个有温度的人。

让自己善良有温度，以此来换取世界的温度

心存善良，做一个有温度的人。当这个世界上的每一个人都心

存善意，这个世界自然将会更加灿烂美好。

心怀善意，扩宽胸襟

当一个人心怀善意、胸襟广大时，他不仅能成为一个有温度的人，同时也会因为自己的善行、善举被外部的世界所温暖。简单地说，与人为善，也就是与己为善，温暖了别人，自然也会得到别人的温暖。

孟子曾云："君子莫大乎与人为善。"人立身于天地之间，要时时让自己有一颗与人为善的心，当你对身边的人释放出了善意，最终也会被温暖以待。

加强自我的德行修养

在日常生活中要加强自己的德行修养，在生活中做到平等待人。无论和什么人相处，都应不在意对方的地位和权势，不趋炎附势，也不轻视对方，不对他人冷嘲热讽，做到一视同仁，始终以平和的心态对待他人。

甘于奉献爱，具有同情心和悲悯心

遇到那些处于人生困境中的人，要积极行动起来，力所能及地去关心和关怀他们,哪怕是一句简单的问候和鼓励,也会给人以前行的信心与勇气。正如管仲所说的那样:"善人者,人亦善之。"当一个人愿意将自我的善意向外释放时,这束温暖的光也会返照自己前行的路。

做一个有温度的人,当你拥有善良、热情、宽容、大度等高贵品行时,在温暖他人的同时,你也能拥抱整个世界的温暖。

第六章 保持边界,做独立的个体

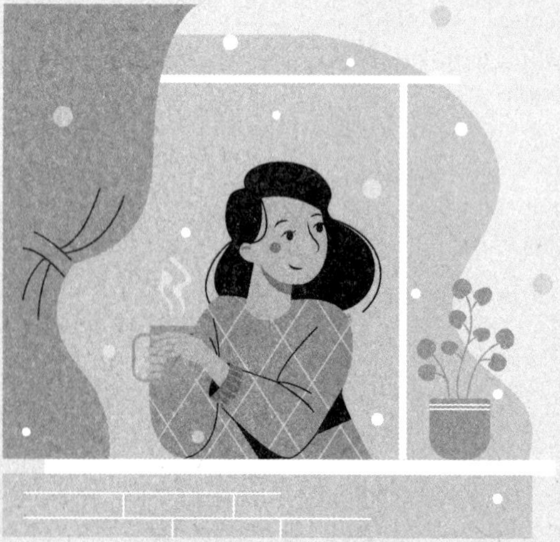

在人类社会中，人与人之间不可避免地会发生各种各样的联系，在团结、合作和分工中取得事业上的进步，也从中获得必要的情感支持。但我们还应注意到的是，在与他人保持联系的同时，我们还要树立边界意识，做独立的个体，坚守个人的原则和底线，这是捍卫个人权益、有效自我保护的重要心理和行为基础。当然，懂得保持边界感，也要学会去尊重他人的边界，也就是将边界感保持在彼此都感到舒适愉悦的地步，做到相互理解、包容，这样才能孕育出和谐共生的人际关系。

把握分寸，构建心理边界

生活中，在人和人交往的过程中，彼此之间都会下意识地保持一定的身体距离，只有双方保持在一个恰当的距离时才会感觉自在舒服。显而易见，人的身体需要一定的边界距离，同样，人与人之间还要在心理上树立边界意识，保持边界感，即"懂分寸，知进退"。

正确认识心理边界很重要

在日常生活中，我们常会遇到人际关系方面的问题，不知如何交往和相处。事实上，我们之所以饱受人际关系的困扰，其中的关键在于我们缺乏一个清晰的边界感，没能把握好一个恰当的距离与分寸。

那么，什么是边界感呢？简单地说，边界感是指在人际交往的过程中，个体可以察觉出来一定人际边界的认知力和敏锐度，也就是当我们过于接近对方时，或者是某些言语行为冒犯对方时，从心理上可以察觉出对方不满的情绪表现。

和身体边界相比，人们更看重彼此之间的心理边界，即相互之间保持适宜的心理距离，希望自己的认知、想法、信念和价值观等不受干涉；同时也会出于同样的心理，懂得去尊重他人的生活方式与价值观。

边界感的形成，受多重因素的影响。其中既有外部因素的影响，又有内部因素的催化和酝酿，诸如童年生活的经历、和原生家庭关系的好与坏、一定的教育背景以及自身的性格特征等。

在行为表现上，边界感的强弱和大小也因人而异，不尽相同。比如有一些人的边界感非常微弱，一方面，他们常常会干扰别人的独立生活空间；另一方面，对自我权益的保护力度也不够。而那些边界感强的人，对外界的防范意识非常强，有时在行为表现上会显得太过自我，让人难以亲近。所以，边界感的构建，要保持在一个适度合理的范围之内，这样既能对自己有一个准确的认知，也能在合适的人际交往距离中维持良好的人际关系。

保持边界感不仅是一个人良好心理素质的重要体现，同时也是一项必要的社会技能，有助于我们建立和谐健康的人际关系。由此可知，构建心理边界，不仅是了解自我的重要心理基础，同时也是人际交往过程中的"必修课"。正如美国著名心理学家丹尼尔·戈尔曼所说的那样："你让人舒服的程度，决定着你在人际关系中能够达到的高度。"

第六章 保持边界，做独立的个体

成年人的交往，从构建心理边界意识开始

成年人的世界里，最怕遇到缺乏边界意识的人，他们在人际交往中表现出的典型特征，就是习惯于利用别人不好拒绝的心理，无休无止地麻烦他人，并把这种行为视作理所当然。

有一位律师，在从业生涯里就曾多次遇到类似的事情。很多人总是打着咨询的幌子，一而再再而三地向他寻求免费的咨询。

如果他告诉对方，按照律师行业的惯例，在咨询的时候，需要收取一定费用，对方就会"震惊"地张大嘴巴，认为律师太"不近人情"了。

显然，这一类人就是缺乏必要的边界意识，在他们的思想里，请律师帮他指点一下，不过是举手之劳的事情，为什么要谈钱呢？明明是自己错了，还要把责任推到对方的身上。

由此可知，人际关系中，树立明确的心理边界可以有效避免其他人过度的依赖和打扰，避免自身利益受到侵害、情绪受到干扰、降低自身的幸福感。

那么，如何才能把握好分寸，构建出一个清晰、灵活、有效的心理边界呢？

一是学会拒绝身边那些不合理的要求，敢于说"不"。

在别人向你寻求帮助时，要分情况区别对待，如果要求合情合理，又在自己的能力范围内，可以友善地伸出援手。

倘若面对的是不合理的要求，就要果断地拒绝对方，不要觉得不好意思，也不要为了所谓的朋友义气让自己为难，不然到了最后，受到伤害的反而是你自己。

二是重视私人空间，不要让无关的人干扰自己的私生活。

身边那些缺少边界意识的人,一见面就爱探听别人的"隐私",这样的行为显得非常失礼,也让当事人有一种被冒犯的感觉。

比如:你喜欢的杯子,同事口渴了,不经允许就拿去使用;去拜访亲友,对方总会刨根问底地打探你的工作、薪水;等等。显然,这些都是对方边界意识不清造成的。凡是涉及自己隐私的信息,或者是干扰到个人的私生活,我们应当有清晰的心理边界意识,拒绝回答,以此来阻挡他人好奇窥探的目光。

三是独立自主,勇于肯定自我的价值。

与人交往,一方面不要太过于依赖对方,自己能完成的事情,尽量依靠自身的力量去完成,做到独立自主。

另一方面,要勇于正视自我、肯定自我,增强自我意识。作为一个平凡的个体,虽然我们的身上有着这样或那样的缺点,但在这个世界上,每个人是独一无二的,有自己的优势和长处,也有独特的价值存在。

正视自我,会让我们生出无穷的自信,也能更加清晰地认识到人际交往的真正意义,有力量去和外界"异样的眼光"相抗衡。

肯定自我,就有底气去拒绝刻意讨好别人的行为,也不需要用廉价的友谊来获得他人的认可,有自己的价值观,也有一定的原则和底线,即使被讨厌也没多大的关系。始终坚信,可以凭借自己的自尊、自强和自爱来赢得外界的尊重。

增强自我意识,做到内省自察,能够清清楚楚地明白自己真实的需求、喜好和情绪感受,这样我们就能大致知道自身的边界范围,也能够坚定不移地去维护自我的心理边界。

保持边界感,学会自我保护

保持边界感,做到自我尊重和尊重他人,是个人应当具有的美德和生活哲学,也是对自身的一种保护。我们需要明白的是,即使是再熟悉不过的两个人,也应秉持"熟不逾矩"的原则,掌握分寸感,相处时一定要给彼此保留一定的空间,学会自我保护。

♡ 任何亲密的关系,都要做到"熟不逾矩"

边界感是一个成年人最应自觉做到的行为规范,在人与人相处的过程中,有了边界感的存在,我们就会懂得如何去尊重他人的独立性,也才能同身边的人建立更为和谐美好的人际关系。强烈的边界感也能有效地起到保护自我隐私的良好作用,帮助我们摆脱他人的侵扰,保持内心平和。

而那些难以坚守自我边界感的人，在遭受外界的侵犯时，常常会表现出退让隐忍的姿态。当他们的隐私被侵犯时，即使倍感委屈和愤怒，也想以善良和大度的忍让换取对方的退步，殊不知，这样只会让对方得寸进尺，换来变本加厉的伤害。

惠惠在大学期间，和同宿舍的一位名叫亚楠的女生关系非常好。两人都来自同一个省份，共同的乡音，一致的餐饮爱好，让两个人很快成了无话不谈的好朋友。

惠惠是一个真诚善良的女孩子，平日对人非常和善，和人交往时从来不设任何的防线，更别说是关系亲密的亚楠了。

亚楠的性格也比较开朗，热情大方，不过她有一个缺点，就是爱打听别人的隐私。自然，作为好朋友的惠惠，成了她主要探听的对象。

面对亚楠打着关心名义的问询，惠惠每次也总是知无不言，言无不尽，不仅和她一起分享日常生活的点点滴滴，连同自己的家庭状况和暗恋一个男生的情况，也都毫无保留地告诉了亚楠。

可是过了没多久，惠惠就察觉到了班上其他女同学异样的目光。有一次，一名女生半开玩笑地对惠惠说："我听说你是离异家庭，爸妈离婚了，现在的你对待爱情有什么不一样的看法吗？是因为这个不敢和暗恋的男生表白吗？"

女生的一番话，让惠惠十分诧异和难堪，她询问对方是怎么知道这些事情的。

对方笑着回答说："这个又不是什么秘密，人家亚楠早就对我们说了，你是不是以为只有亚楠一个人知道呢？"

惠惠觉得很伤心。自己一向把亚楠当作最要好的闺蜜，才毫无防备地将个人隐私说给她听，原以为亚楠能够帮自己守住秘密，谁

第六章　保持边界，做独立的个体

知她却是个"大喇叭"，不经自己的同意，就把自己心底的秘密"广而告之"，让自己在大庭广众之下成为"透明人"，惠惠内心别提多委屈了。

当惠惠和亚楠说起这件事时，亚楠却一脸无所谓的样子，大大咧咧地回答说："这有什么呀？我的隐私你也可以对别人说，我们都是成年人了，有一定的心理承受能力，没关系的。"

惠惠听了哭笑不得，不过也正是从那一刻起，惠惠也真正意识到了边界感的重要性，她和亚楠继续交往时，有意地和对方保持了一定的距离，有时候亚楠忍不住依旧想要探听惠惠的隐私，惠惠就直截了当地告诉她，涉及个人隐私的话题她不想谈，也不想听。如果亚楠非要刨根问底，她们的友谊可能就有破裂的风险。

慢慢地，亚楠也意识到了自己的错误，理解了打探和传播别人隐私对别人造成的烦恼和困扰，她诚恳地向惠惠道歉，表示以后一定会尊重她。经历了这一次边界感的风波后，惠惠和亚楠的关系才又修复如初。

现实生活中，类似惠惠的例子还有很多，他们正是因为缺乏必要的边界意识，没能和身边的人保持合理的距离，从而给自己带来了无尽的困扰，失去了自我的独立性。

人与人之间的相处之道，并不是不分彼此，而是相互能够保持边界感，做到熟不逾矩。因此，在人际关系中，我们一定要有清晰的边界意识，时刻保护好自己的隐私不受侵犯，当尊严被冒犯时，也不要一味隐忍，要敢于去捍卫个人的权利，懂得拒绝，勇于向对方说"不"，坚守自己的底线不被跨越。

有明确的边界意识，才能更有效地去保护自我

与人相处，任何时候都不要忘了守住边界，时时提醒自己，要有明确的边界意识。

对身边熟悉的人来说，保持边界感，能够很好地避免对方肆无忌惮地突破我们的底线，有利于维护和捍卫个人的人格尊严与隐私，做到自尊自爱。

如果面对的是陌生人，坚守边界感，可以有效防范我们遭受陌生人的伤害，这也是保护自我人身安全的必要措施。

程鹏是一家公司的研发人员，闲暇时常上网打发时间。有一次，在一个网络群里，程鹏无意中结识了一个名叫"烟雨"的男网友，对方聊天的话题引起了程鹏的注意，两人便在网上攀谈了起来。

一开始，两人只是天南地北地随意聊着，随着闲谈的深入，两个人大有相见恨晚的意思，越聊越投机，越聊越亲近，钓鱼、下棋等共同的兴趣爱好更是拉近了彼此之间的距离。

不久后，对方将程鹏拉进一个投资群里，里面都是各类投资信息，每天都有人在群里晒出收益截图，看着让人特别心动。

没过几天，"烟雨"就鼓动程鹏，让他投资一个项目，说有巨大的利润可赚，也没什么太大的风险。

面对程鹏的犹豫，对方继续蛊惑说："你平时的收入也不低，手里闲钱一大把，为什么不在理财上多下一番功夫呢？好机会不多，抓住一次你就能够财富自由了，这个社会要靠眼光和脑子来赚取丰厚的回报，别优柔寡断错过这次宝贵的发财机会了。你可以试一试，也损失不了多少。"

第六章 保持边界，做独立的个体

这一次，程鹏突然惊醒了，自己的收入等信息为什么会被对方掌握了呢？他思前想后，想到肯定是平时的闲聊中，他无意中透露给了对方。明白过来对方的不良企图后，程鹏果断地拉黑了对方，及时止损。

程鹏的故事告诉我们，与人交往，要有边界感，学会自我保护。在这方面，一是要做到对个人信息的有效保护，如个人的工作、收入、存款等隐私问题，千万不要轻易地透露出去，注重保护自身的隐私。二是不要随随便便相信那些不熟悉的陌生人，在交往时请和对方保持一定的距离，要有一定的防范意识，不要什么话都往外说。

如果一个人缺乏边界意识，把从未谋面的陌生人当作信任对象，那么一旦对方有坏心思，就会充分利用这种不设防的心理，别有用心地套取信息，然后特意布局，一步步设套，最终造成一些不可挽回的损失。

保持边界感，能很好地帮助我们保持真实的自己，因此，我们要树立边界意识，学会自我保护。

学会拒绝，捍卫自我权益

边界感是人际交往中保持分寸与距离最好的界限。现实生活中，和那些没有边界感的人相处，最让人困扰，他们轻则闯入我们的生活，干涉我们的隐私，践踏我们的尊严；重则突破我们的底线，漠视我们固守的原则，从而轻而易举地做出伤害我们权益的举动。面对没有边界感的人，我们应当明确告诉他们我们内心真实的想法，勇敢地拒绝他们，坚决捍卫自己的权益。

不会拒绝很受伤

生活中总是有一些人能轻易地伤害到我们，并且越来越变本加厉。事实上，仔细分析的话不难发现，之所以我们在自身权益被侵犯时不敢当面拒绝，主要有这样几个原因。

认清自己，理顺生活

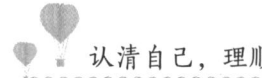

一是性格柔软，遇到不合理、不公正的要求，只能将委屈深深埋在心底深处，不懂得去保护自身的利益，有苦自己吃，有泪独自擦，缺乏反抗的勇气。

二是天性善良，为人热情大度。这类人无论在生活还是工作中，往往不爱斤斤计较，总是以识大体、顾大局为原则，对那些侵犯自己权益的行为，常常一笑而过，不愿多放在心上，因此就成了那些没有边界感的人肆意侵扰的对象。

三是本身属于讨好型人格。这类人与人交往时，常会主动去做出牺牲自我利益的行为，将被需要当作一种荣耀，他们希望能够以此来换取别人的肯定与认可。实际上，这种讨好别人的行为，反而让自己处在了随意被欺凌的位置上。

显而易见，正是因为我们的大度、善良乃至软弱的性格特征，让对方更加得寸进尺，让他们一步步突破我们的底线，随心所欲地去做出伤害我们的事情。

天昊是一个性格和蔼的小伙子，待人真诚，热情善良，同事之间有什么事情，只要跟他说一声，天昊总是热心地帮助对方，任劳任怨，毫无怨言，所以他的人缘也非常好。

天昊的大多数同事只是在遇到特殊的情况时才请天昊帮忙，但是有一个女同事，有事没事就去麻烦天昊。

"天昊，下班我要回娘家一趟，工作上还留了一个小尾巴，请你帮忙处理一下。"

"对了，今天学校给女儿开家长会，项目上的事情还请你多费心。"

在这位女同事的眼中，天昊就是一个免费的劳力，随叫随到，自己一有事情，就把工作上的事全部推给天昊去完成，事后连一句感谢的话语都没有。

一而再，再而三，其他同事见了，觉得那位女同事做得实在是太过分了，有人就打抱不平，劝说天昊："就她的事情多，你不能这样一直当冤大头，有时候该拒绝她，就要果断地拒绝。"

天昊听了，善意地笑笑说："没关系的，她是女同志，有家庭有孩子，需要处理的杂事可能也确实多，我单身一个，平时事情少，能帮就帮一下，相互理解吧！"

有一天，天昊已经答应了家人下班之后一起吃饭，但下班时这位女同事又以家中有事为由，让天昊帮她处理工作。天昊也委婉地告诉女同事，他今天要陪家人吃饭。女同事却不以为然，还说年轻人以后有的是时间。这一刻，天昊觉得心里特别不舒服。

天昊的故事很有代表性，人际交往中，有不少人因为没有果断拒绝的勇气，从而被别人轻易地控制或伤害，自身权益被一步步地侵犯。

请勇敢说"不"，捍卫自己的权益

现实生活中，我们真的没有必要让自己去做内心不愿意做的事情，承担那些原本不属于自己的责任和负担，和气、善良、宽容等品质不是别人任意拿捏我们的理由，当权益被侵犯时，我们应坚定地站起来，大声拒绝。

孟飞有一个关系不错的朋友，但对方是一个没有什么边界感的人，只要手头不宽裕，他就张口向孟飞借钱。

孟飞也想着两人是朋友，对方遇到难处了，能帮一把是一把，因此每次那位朋友开口，孟飞都竭尽所能地去帮助对方，很少拒绝。

但渐渐地，孟飞发现，朋友从他手里借了钱，从来没有主动归还过。只要孟飞不提，对方也从不主动谈论借过钱的事情，似乎把还钱的事情忘得一干二净。

有一次，孟飞的母亲住院，需要一大笔费用，一时缺钱的孟飞打电话给对方，让他凑一凑，尽量这几天还一下，家里急用。

那位朋友在电话里支支吾吾，虽然口头答应尽量归还，然而迟迟没见动静。最后逼得孟飞实在没办法，只得亲自上门讨要，先后三四次，才最终让对方还了钱。

又过了几个月，朋友又张口向孟飞借钱，孟飞想到之前的情况，决定拒绝借钱给他。当孟飞坚定表示不借时，对方突然变了语气，生气地说："你说我们这么好的关系，这点钱都不肯借吗？你心里是不是从来没有真正把我当作朋友看待？想不到你这么绝情……"

对方还在喋喋不休，孟飞随手挂断了电话，这样以友情来要挟的话语，他再也不想听下去了。

这件事情之后，孟飞开始反思自己，他发现一味地慷慨大方并不能换来别人的真心相待，反而还会让他人不断跨越自己的底线，有时候该拒绝时就要拒绝，没必要为了面子或朋友的义气硬撑。

孟飞的故事告诉我们，人际交往时一定要让自己有一个明确的界线感，清楚自己在人际关系中的角色定位，学会拒绝那些不合理的要求，不仅要真真正正地做自己，还要有勇气去保护我们的权益不受损害。

当然在拒绝时，应当根据具体的情况区别对待。有时可采用委婉的方式，让对方知难而退；遇到得寸进尺的人，就不妨直接去拒绝对方，说话直截了当，表达出内心真实的想法，不给对方进一步伤害我们的机会。

如果对方依旧纠缠不休，软硬兼施，试图逼迫我们就范，我们就直接选择无视，明确无误地告诉对方，你的生活是你的，我的生活是我的，不允许你私自闯入我的世界里。

尊重他人，包容世界的不同

俗语说："人上一百，形形色色。"在这个世界上，在不伤害其他人的前提下，每一个个体都有权利选择自己想要的生活方式，也有权利从内心出发，将一定的价值取向作为自己的人生法则，无须理会外人的指点和干涉。所以，在和他人交往的过程中，我们也应当将自己的身份设定为"旁观者"和"局外人"，学会尊重他人，给彼此都留下能够从容进退的自由空间。

学会尊重与包容，是一个人真正成熟的标志

一个真正成熟的人，在与人相处时，能够做到尊重和包容，包容人们不同的个性特征，听得进去他人的建议与批评，也能够理解每一个人选择的生活方式。

认清自己，理顺生活

三国时期，诸葛亮在五丈原病逝后，蒋琬全权负责蜀国的军政事务。

蒋琬上任之初，人人都把目光聚焦到了蒋琬的身上，有期待，也有怀疑，不敢确定他是否能迅速稳定局面，让蜀国尽快回到良性的运行轨道上来。

一个名叫杨戏的人对蒋琬的能力表示怀疑，生性高傲的杨戏，对蒋琬的工作不太配合。

有人看到这种情况，就在蒋琬面前挑拨是非，说杨戏这个人实在是太过分了，作为下属，在上司面前狂妄自大，实在是太傲慢无礼了。

蒋琬听了，却大度地说杨戏这个人的脾气自己很了解，要让他当着众人的面夸赞自己，绝对是不可能的，反过来，他也不会当众指责自己，这才是他为人的可贵之处啊。

还有一个名叫杨敏的人，他逢人就说蒋琬的种种不是，还把他和诸葛亮放在一起比较，认为无论在哪个方面，蒋琬都和诸葛丞相相差太多。

蒋琬听到杨敏对他的评价后，十分平静，并解释说杨敏这个人的性子是孤傲了一些，不过他的话也没有什么不对，从能力上讲，我确实比不上诸葛丞相，这是谁也无法改变的事实，杨敏实话实说，所以没有必要去追究他的责任。

从这几件事情之后，人们对蒋琬的品行赞不绝口，认为他度量如海，称得上是"宰相肚里能撑船"，能够很好地包容身边人不同的个性特征，从不轻易地批判或指责对方。

要懂得包容不同人的不同个性特征，进一步讲，在这个复杂的世界里，我们所遇到的每一个人，因为个人的原生家庭、受教育环

第六章 保持边界，做独立的个体

境以及学识的高低等不同，性格特征、生活方式、行为习惯以及喜好都不尽相同，千差万别。

你中意、欣赏、爱慕的事物，在别人眼里或许视若寻常；反过来，你所厌恶、远离的物体，在他人看来，或许爱若珍宝。你喜欢喧闹的生活氛围和满满的仪式感，而其他人喜欢安安静静的生活方式，更注重内心精神世界的富足。

明白了这个道理，我们在与人相处时，就不能单纯地从自身的角度和价值观出发去看待身边的人，不能以有限的眼界去给别人"挑刺儿"，随意给他们贴上"好与坏"的标签。

在个人喜好和生活方式的选择上，每个人都有自己向往的生活方式，也应当去尊重他人对待生活的态度，你可以不认同，但请一定要允许别人特立独行的存在。只有做到了尊重和包容，对他人有足够的理解与认同，才能成为一个真正成熟的人。

做到尊重和包容并不难

人生并非只有一种活法，我们身边的每一个人都有着自身独特的思想和观念，没有必要要求大家做到整齐划一，每个人都有选择自己生活方式的权利。

正如康德所说："我尊敬任何一个独立的灵魂，虽然有些我并不认可，但我可以尽可能地去理解。"

由此可知，人与人交往的正确模式，就是能够尊重彼此的不同，包容各自的个性特征。那么，如何才能较好地做到尊重与包容呢？

允许自己与他人有差异,也允许别人和自己不一样

古语常说:"君子和而不同。"人的个性特征是复杂的,不要一看到别人的思想行为和自己不一致,就把对方打入"另类"的阵营,推向自己的对立面。恰当的做法,是能够在求同存异的基础上开展人际交往,尊重他人的爱好选择,包容他人的个性特征,一步步去学会认同别人的"不一样"。

当和别人有了不一样的认识和看法时,也先别急着去否定对方,而是应先倾听对方的想法,站在对方的立场上去考虑问题,在倾听中将分歧消解。

善意相待,坦荡真诚

人际关系的和谐,来自我们的善意和真诚。善意是为人处世中一种好的"催化剂",会大大减少我们的牢骚和抱怨,少一分敌对,多一分友善;真诚是一种高贵的修养,有助于我们客观全面地去认识和评价每一个人,在坦诚相待的基础上做到包容与理解。

拓宽胸襟与眼界

每个人都有缺点和不足,我们的胸襟和眼界,决定了自身看待人或事物的高度。当自身眼界不够时,觉得什么事情都看不惯,和任何人相处都感觉别扭。

第六章　保持边界，做独立的个体

　　事实上，当我们打开格局，不断地提升个人的思想境界时，就会发现，自身认识上的狭隘与不足会影响我们对事物的判断，当我们真正地站在更高的思维层次上时，就能明白尊重和包容能让我们拥有更为广阔的立足之地。

第七章 治愈自己,与情绪共处

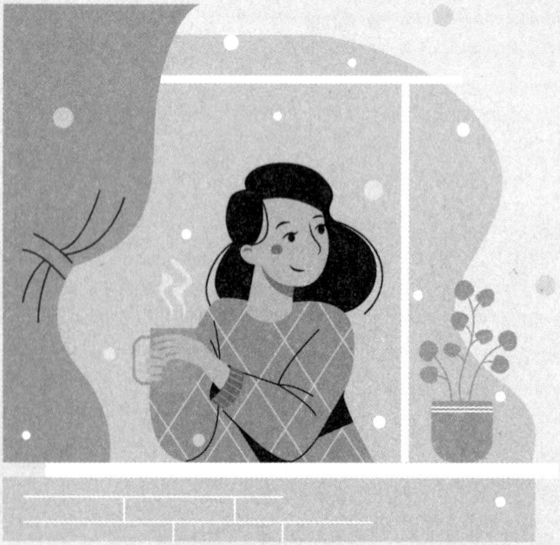

生活中，人们在遇到难以把握的事情时，常常缺乏足够的自信，总是患得患失；在人生的低谷期时，也常常自怨自艾，缺少努力奋发的无畏勇气；尤其是对于难以掌控的明天，更是容易焦虑忧愁，陷入深深的迷茫中。其实，所有的这一切，都和我们内心的情绪有关，试着去治愈自己，就要学会和情绪和平共存，懂得和负面情绪和解的道理，勇敢去面对生活。在好的情绪激励下，改变对待生活的态度，积极乐观，阳光自信，然后去拥抱更好的自己。

摆脱自卑，停止自我否定

自卑是一种难以自信奋发的负面情绪，有自卑感的人，情绪低落，内心压抑，总是在不停地否定自我，不断地放大自己的缺点或不足，在人生成长中处处受阻。生命的本质是活出真正的精彩，在昂扬奋进中去追求自己想要的人生。所以，要治愈自己，就要积极摆脱自卑带给我们的心理阴影，不妄自菲薄，也不自惭形秽，积极地改变，让自信成为乘风破浪的生命之舟。

其实你非常优秀，只是被自卑拖了后腿

一个人为什么会产生自卑的心理呢？分析其中的原因，不外乎这样几种情况。

一是性格胆怯害羞，内向自闭。在人际交往中，因为性格原

因，常常会害怕和自己不熟悉的人相处，遇到陌生人就莫名地紧张不安，担心主动会遭到拒绝，久而久之，很容易患上"社交恐惧症"，远离人群，越发孤单、封闭。

二是太过追求完美。相当一部分完美主义者的心里都有自卑的影子，他们为自己的人生发展制定了较高的标准，一旦没能达到预期的效果，就会丧失奋进的动力，在自暴自弃中认定自己是一个失败者，自卑的种子便悄然在心里落地生根，难以根除。

三是在和别人的比较中变得自卑。不可否认，我们身边有很多优秀的人，他们身上的长处和优点值得我们去学习。但有这样一些人，他们不是将学习和追赶放在第一位，而是只关注差距，一旦觉得自己和他人之间存在着一定的差距，就产生巨大的心理落差，内心深处就会产生强烈的自卑感，自动成为自卑阴影笼罩下的"弱者"。

四是做事缺乏自信，患得患失。在遇到需要个人做出勇敢决断的事情时，往往瞻前顾后，顾虑重重，前怕狼，后怕虎，犹豫不定，总是担心自己会失败，由此在沉重的心理压力下，变得越来越胆怯懦弱。

五是心思非常敏感，特别在意外人的目光。有时候，也许只是别人的一句评价，指出了存在的一些小问题，这些心思敏感的人就会拿来"放大镜"不停地审视自己，把自身的缺点与不足成十倍、百倍地放大，而对身上的优点却视而不见。眼中只有自己的缺陷，不敢肯定自己，自然就会陷入自我怀疑和自我否定的泥沼，如果不能及时改变，将永远深陷其中，在自卑的深渊里难以自拔。

从造成个人自卑心理的各种原因来看，无论是性格因素，还是敏感的心理因子，自卑的症结主要就在于我们不善于看到自身的长处，缺乏足够的自信，自信少了，自卑自然就乘虚而入，填补自信留下的空白。

向卉觉得自己在单位里就是一个"隐形人"，她自卑的心理情结源自对自身外形的不满意。和身边的同事相比，向卉总是认为自己身材不够好，皮肤状态也差，总是无比羡慕身边的女孩子，她们一个个青春靓丽，充满活力和朝气，唯有自己，好似一只"丑小鸭"，怎么看都没有值得骄傲的地方。

在这种自卑心理的驱使下，单位里组织的各种活动，向卉总是刻意地避开，她害怕抛头露面，担心被拉到聚光灯下让人评头论足，因此她甘愿躲在角落里，当一个"透明人"。

向卉真的一无是处吗？自然不是。仅从个人才艺上说，向卉能歌善舞，有一副好嗓子，只是她的长处完全被自卑心理屏蔽了。

年底时，单位组织歌咏比赛，办公室里的同事积极鼓励向卉，帮她报名，给她加油鼓劲儿，在大家的帮助下，向卉这才鼓起勇气在年会上一展歌喉。她优美嘹亮的歌声征服了在场的所有人，当雷鸣般的掌声响起时，向卉激动得流下了眼泪。

从此之后，得到了肯定的向卉找到了人生的自信，也慢慢摆脱了自卑的阴影，变得阳光开朗起来。

向卉的故事告诉我们，这个世界上的每一个人，都是唯一、独特的个体，身上都有值得别人学习的闪光点，如果我们能够拨开自卑的迷雾，就能看见真实、精彩的自己。

从学会接纳自己开始，停止自我否定，重拾自信

自卑的人，往往在审视自我的时候，总是刻意地放大自身的缺点，因此"一叶障目"，逐步陷入不断自我否定的恶性循环中。

事实上，我们应当明白的是，这个世界上的每个人，身上都有一定的缺点和不足，从来没有完美无缺的人，所以不要太过在意身上的缺陷和短处，而应该思考如何扬长避短，让自己变得更优秀、更强大。

所以，当我们陷入自卑的泥沼时，需要从这样几个方面鼓励自己，重拾自信。

给自己积极的心理暗示

心理暗示的力量非常强大，当自身缺乏自信心时，首先要从心理上去积极地肯定自己，要永远相信你自己，其他人可以贬低你、打击你，唯独你自己不能否定自己。

尤其是当我们处于人生低谷时，更要努力振作、昂扬向上。告诉自己一定能行，莫让自卑成为我们前行路上的"绊脚石"。要知道低谷期只是暂时的，我们要将眼光放得更长远一些。古往今来，真正做出一番事业的人很少有一帆风顺的，他们往往也都经历了人生的各种挫折、磨难，不断反思、沉淀、积累，最后才在厚积薄发中实现一飞冲天的辉煌。

英国著名女作家乔安娜·罗琳，当年在完成《哈利·波特与魔法石》的初稿后，四处邮寄投稿，先后12次被编辑拒之门外。但

乔安娜·罗琳并没有因此自卑和自弃，她选择相信自己，相信自己一定能行，在她的不懈努力下，《哈利·波特》系列作品最终问世，并享誉世界。

敢于去比较，给自己奋发的动力

有人认为比较很容易带给人自卑的心理，看到别人那么优秀，很容易产生心理落差，自然而然就会生出自惭形秽的感受。

事实上，不敢去比较，害怕面对现实，也是自卑的表现。在和他人比较的过程中，我们在看到对方身上优点的同时，积极地对标差距，查找自身的不足，并暗暗下定决心奋起直追，从比较中寻找鞭策自己的力量，才是接纳自我、重拾自信的好办法。

显然，一个能够正视自我、接纳自我的人，才能从否定自我的深渊中解脱出来，无论前途有多少风雨波折，依旧能笃定前行、矢志不移。

如果迷茫，就在不断试错中寻找方向

对大多数人来说，人生难免经历迷茫，有些人在混混沌沌中找不到人生努力的方向，以至于精神萎靡，颓废自弃。其实迷茫不可怕，可怕的是一直被迷茫包围，不敢突围，害怕试错，担心失败。如果我们敢于在试错中承受打击和挫折，最终一定能找到适合自己的人生路径。

♡ 迷茫时，要勇于打破束缚，敢于试错

有些人静下来，开始反思自我时，常常会有这样的疑问：我的人生方向是什么呢？为什么身边的人都那么快乐、有活力，我却无论做什么都提不起一点精神呢？

那些事业受挫、处于职业困惑期的人，也往往会深深地怀疑自

己：我真是太笨了，什么事都做不成，这份工作不知道还要不要坚持下去。

以上种种，其实都是人们处于迷茫期的现实表现。事实上，生活中迷茫无处不在。刚毕业时，为了找到一份满意的工作，我们东奔西走，心态焦虑；负责一个项目时，迟迟没有好的突破，我们又身心俱疲，不确定该如何继续下去；人到中年，事业发展进入瓶颈期，想要尝试转型，却又顾虑重重……

当被迷茫的重重迷雾包围时，无须过度恐慌和焦躁，唯一的办法就是沉下心来，勇敢去试错，在不断的试错中分析自己的真实状况，进而做出正确的选择。

阿凡研究生毕业后，进入了一家公司工作，在工作了两年后，阿凡厌倦了一成不变的状态，他有自己的想法和创业计划，但又舍不得稳定的工作，担心创业失败，一时间纠结痛苦，难以在继续上班和创业之间做出恰当抉择，陷入了深深的迷茫之中。

为此他找到了求学时的导师，希望能够得到恩师的指导。导师沉思了片刻后问他："你最喜欢怎样的生活？"

"有激情，有干劲儿，每天都能让自己取得进步。"阿凡不假思索地回答说。

"既然这样，刚才我也听了你的创业计划，非常有想法，为什么不辞掉工作勇敢地闯一闯呢？"导师继续问。

"我害怕失败！如果创业不成功我该怎么办呢？现在的公司薪水还不错，每个月我都能有稳定的收入，一旦辞职，我的生活会处于不确定的风险之中。"阿凡说出了内心的担忧。

导师语重心长地告诉他："其实问题的症结就在这里，既想要稳定的工作，又厌恶平平淡淡的生活，鱼和熊掌哪有兼得的道理呢？如果你现在是中年人了，或许要慎重考虑一下，但现在你才二十多岁，这么年轻，未来一切皆有可能，为什么不让自己去尝试一把呢？"

导师的一席话，让阿凡豁然开朗，当摆脱了纠结的心态，他的内心顿时也轻松了很多。从公司辞职后，走上创业道路的阿凡，中间虽然也经历了许多波折，但他始终在自己热爱的领域里持续深耕，最终也闯出了一番不小的天地。

谁的青春不迷茫？当人生陷入迷茫期时，要积极地调整心态，然后去奋力突围，不断地试错，全力寻找破局的突破口，即使遭遇无数波折，也请耐心坚持，用时间来证明最好的自己。

试错不是蛮干，也有方法和技巧

勇于行动，敢于试错，是破除迷茫的利器，用积极的行动来击碎迷茫"这张大网"，也是每一个人在奋进拼搏中应有的选择。只有不断地试错，在一次次错误的累积和警示下，我们才能收获通往成功道路的宝贵经验，去书写无限可能，创造属于自我的精彩人生。

然而，试错并不是无头脑地蛮干，不是不辨方向、漫无目的地向前冲，这样看似勇敢努力，实际上只是无效的行为，方向和目标定位错了，花费再多的力气也白费，只能导致南辕北辙的结果。

所以，试错并非只投入行动就可以了，也要讲究一定的方法和技巧，从而将试错的成本降到最低，以求达到事半功倍的良好效果。

观察学习，在试错前做好充足的准备工作

每个人的时间和精力都是有限的，试错更是一种浪费不起的精力投入，一旦多次试错失败，自然会增加寻找到正确人生方向的成本，因此，在试错前要多观察、多学习。

以创业为例，创业是充满激情的，创业成功，也能够使自我价值得到最大的肯定与发挥。但需要知道的是，创业并不容易，所以创业时一定要慎之又慎，面对不熟悉的领域，仅凭一腔热情是远远不够的，为了减少试错的成本，要做足调查研究的课题，告诫自己"绝不打无把握之仗"，有了充分的思想准备和完善的市场调研，才能极大地降低失败的概率。

试错重要的是质量，而不是次数

一谈到试错，一些人会不以为意地说："经验都是从错误中得到的，一次不行，再来几次，次数多了，就不怕找不到正确的方向。"

话虽如此，但在实际操作中不能这样去做。漫无目的、缺乏方向指引的试错，就如无头苍蝇乱闯一般，碰壁次数多也未必有好的效果，反而会让我们在不断的失败打击中变得心浮气躁，最后又重归迷茫。

试错，关键在于质量，试一次错就要有一次收获，要能够最大限度地从中获得有效经验，吸取教训，这样的试错才有价值。

先从小目标设定开始，一步步迭代前进，最后完成突变

设立小目标，也是有效减少我们试错成本的好方法。比如，当我们试着转型时，从一个行业跨入另一个行业，完全是另一个全新和陌生的世界，需要我们不断地试错摸索，以尽快熟悉新行业的情况。

在这个过程中，我们不妨先给自己设立一个小目标，用心去做、去尝试，发现错了及时调整，等积累了一定的经验后，再全力投入，快速完成迭代升级，让自己在尽可能短的时间内，成为这一领域里的行家里手。

在孤独中沉淀自己

人们往往害怕孤独,惧怕被隔离在汹涌、喧嚣的人群之外,在封闭的世界里过着离群索居的生活,这让人倍感压抑,内心抑郁。但我们需要知道的是,孤独并非全是贬义,孤独的另一面是成长。学会在孤独中沉淀积累,和孤独共处,也是治愈自己、丰盈自己的最好的方式之一。

孤独,一定是消极的情感吗

孤独是什么呢?在熙熙攘攘的街市上,有人独倚栏杆,在安静的角落里静看落花流水,这是一人独处的孤独;夜深人静时,在万家灯火的都市中,一个人默默地坐在书桌旁,捧书细读,这是一种宁静的孤独；当需要帮助的时候，翻遍通讯录，却不知道该将电话打给谁，这是一种没有知心朋友的孤独……

孤独有无数种，每个人都有独特的孤独感受，它可以是一种内心的感受，也可以是一种独处的安静状态，还可以是对一种对待生活的态度。

可能在大多数人的印象中，孤独是一个不太美好的词语，它常常和封闭、痛苦、寂寞、辛酸、无助等字眼联系在一起，给人一种可怜兮兮、凄楚悲凉的感觉，让人谈"孤"色变。

孤独真有那么可怕吗？答案是否定的。就孤独的本身而言，孤独并没有好和坏的区别，它只是人们的一种生活状态而已。如果我们能打开格局，变换角度，从更高的纬度去俯视孤独，就会发现，孤独实际上是一个人难得的独处时光，在安安静静的世界里，去悄悄地沉淀和积累自己，蓄积向上的力量，从而在下一个瞬间傲然绽放。

素娴在上大学期间，每天除了上课，最大的爱好就是去图书馆里读书。每到周末，她身边的同学忙着逛街、聚会，素娴很少主动参加。有时候同宿舍的同学喊她一起玩，素娴总是笑着摇摇头说："很抱歉，一会儿我还要去图书馆查一下资料，今天的活动我就不参加了。"

"天天去图书馆，整日抱着书本，你觉得不枯燥吗？"有同学好奇地问她。

"怎么会呢？我觉得这样挺好的，一个人安安静静看书，内心也丰富、充实。"素娴平静地回答说。

渐渐地，同学们都认为素娴是一个喜欢孤独的人，不喜欢被打扰，因此大家再出去聚会的时候，就很少邀请素娴一起了。

一转眼，四年时间匆匆而过，素娴收到了国内顶级大学的研究生录取通知。她用自己的实际行动，证明了孤独是一种催人成长的力量。

所以，孤独和消极、无助、失落等负面情绪无关。相反，如果我们能学会享受孤独，把孤独当作人生成长的契机和力量来看待，反而能在被人轻视的孤独状态中，在无人问津的日子里，无喜无忧，在反思、沉淀和蓄力中不断地去充实自己，为下一步的扬帆起航做好充足的动力支撑。

享受孤独，沉淀心态，你必优秀

人们一方面在忙忙碌碌的日子里奔波，另一方面又渴望自己能够在纷扰的世间不乱方寸，也不随波逐流，能够泰然自若，修炼出一个稳定强大的心态，看淡人生路途上的风风雨雨、起起伏伏。

而享受孤独，将超脱自然的孤独心境作为熔炉，就能修炼出强大的内心，在向内探求的过程中，于千锤百炼后，将患得患失、心浮气躁的负面情绪去除，让生命在岁月的沉淀下变得沉稳、厚重，更加坚定地走自己的路，从而去拥抱更好的自己。

"唐宋八大家"之一柳宗元，曾写下一首脍炙人口的《江雪》。

诗中写道:"千山鸟飞绝,万径人踪灭。孤舟蓑笠翁,独钓寒江雪。"这首诗的意境充满了孤独的味道,事实上也是柳宗元一生的写照。

柳宗元考中进士后,仕途一直坎坎坷坷。公元805年,随着唐顺宗李诵的退位,在朝中做官的柳宗元,作为"革新派"的重要代表人物,先是被贬为邵州刺史,接着又被进一步贬为永州司马。

在永州任职期间,柳宗元被那些反对革新的人士污蔑为"怪民",被对手攻击。仕途上失意不说,柳宗元在生活上也屡次遭受磨难,他的住所先后四次遭受火灾,最为严重的一次,他拼命地从住所里逃出来,这才没有被大火吞噬。

就这样,身心俱疲的他,短短几年的时间里,就患上了多种疾病,不过也正是这一段孤独时光,反而成就了文学上的辉煌。

他在为官之余,让自己沉下心来,在享受孤独的时光里不断地去沉淀自己,积累自己,广泛地去研究各种珍稀的古今典籍,通过潜心学习,他的文学素养得到了飞速的提升,柳宗元生前许多散文以及和文学理论有关的作品,都是在这一段时间内完成的,其中最为著名的就是以《小石潭记》为代表的"永州八记",在中国文学史上写下了浓墨重彩的一笔。

纵观柳宗元的后半生,他一直过着被朝廷疏远、流放的失意生活,然而在这种郁郁不得志的环境下,柳宗元并没有就此消极沉沦下去,反而在孤独中体会到了另外一种人生之美,学会了在独处中让自己不断得到发展和"增值"的能力,这就是心态沉淀后的智慧与力量。

有人说,一个人的出众和优秀,其实是从懂得孤独、享受孤独开始的。真正意义上的孤独，并不是大家眼中的自我封闭，而是一个人去认真审视自我内心的最好时光。因此，当你能够在孤独中真真正正地沉下心来不断地去完善自我，磨炼自己的意志，把孤独时光当作自己最好的"增值期"，耐得住寂寞，忍受住清冷，去积极地学习、积累和发展，你就能够获得更好的成长。

焦虑是人生常态

焦虑是人生的一种常态,试想谁的人生没有忧愁和烦恼呢?身为普通人,每天睁开眼,面对现实,各种烦心事扑面而来,瞬间填满心田,进而引发焦虑情绪,以至于焦虑成为生活的一个组成部分,始终伴随着人们。然而,我们需要认识到的是,适当焦虑,无可厚非,但请不要过度焦虑,那样会让我们消耗掉热爱生活的激情。

你是否也曾焦虑过呢?如果有,请适可而止

日常生活中,焦虑是一种较为常见的负面情绪体验,几乎每一个人都曾有过各种各样、大大小小的焦虑症状。

马上就要高考了,考试的时候能不能正常发挥,能不能考上理

想的大学……每到高考前，多少考生和父母为考试而焦虑。

大学毕业，刚开始工作，家里的亲朋好友便开始花式催婚，如何扛住催婚的压力、如何寻觅理想的爱情……年轻人心里充满焦虑。

工作不顺心，看到身边的同事都升职加薪了，而自己却一直原地踏步，内心的焦虑可想而知。

人到中年，未来的路应该怎么走？如果没有一技之长，一旦目前的工作出现了变动，又该何去何从……

凡此种种，焦虑在我们的生活中无孔不入，心头的烦心事一大堆，这也是焦虑作为人生常态的体现，让人们避无可避。

显然，我们都不是超脱物外的圣人，只要在社会群体中生活，作为一个有思想、有情感的个体，没有人能完全摆脱焦虑，只是焦虑的内容、深浅程度不一样而已。

程度较浅的焦虑，或许对我们的生活没有太大的影响，也许几天后，这种惶恐、紧张的负面情绪，随着事情的过去也就烟消云散了。

然而，程度较深的焦虑，会让我们的心理和身体都持续承受较大的压力，导致茶饭不思，精神萎靡，在不知不觉中影响到我们的身心健康。

有一位母亲就是这样。儿子考大学她焦虑，大学毕业后儿子要找工作，她也焦虑。儿子刚上班没几天，她又为儿子的婚事焦虑。随着年龄的增大，这位母亲的焦虑症状越来越严重，整天胡思乱想，这也忧愁那也揪心，后来因为太过焦虑，导致她出现了失眠的情况，整夜整夜睡不着觉。

显而易见的是，焦虑可以有，适当的焦虑是一种有效的心理暗示，有助于人们积极地寻求解决问题的办法，把矛盾或损失降到最低。

然而过度的焦虑就是错误的，过度焦虑除了增加心理负担，对问题和矛盾的解决起不到任何的作用。

所以说，焦虑不可避免，也不是不可以有，关键在于要把焦虑情绪控制在一个适度的范围之内，不要过度焦虑。

过度焦虑怎么办

焦虑是人生的一种常态，面对焦虑，我们应当报以平常心，学会和焦虑共处，避免陷入焦虑的泥沼中，同时积极地行动，找到解决问题的方法，最大限度地弱化焦虑对我们的身心健康造成的负面影响，避免自己成为紧张、焦躁、疑心等负面情绪的"俘虏"。

目标定位要和自身的能力相匹配，一步一步来

生活中那些过度焦虑的人，大多好高骛远，目标设立得过于远大，一旦发现难以实现，就会心理失衡，产生严重的焦虑情绪。

古语言："不积跬步，无以至千里。"我们不是不可以树立远大的理想抱负，但是要立足自身的实际，从一个个切实可行的小目标开始做起，打好基础，站稳脚跟，等到具备强大的实力了，再向更

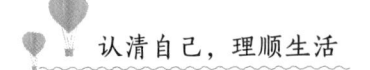

大的目标发起冲刺，这样有助于我们减少不必要的焦虑。

不过度比较，保持知足常乐的心态

　　过度比较，也是引发焦虑情绪的重要原因。别人有我却什么都没有；别人那么优秀，我却如此平庸；别人有好的机遇和平台，自己却一路磕磕绊绊……

　　比较，是为了让人找出自身的差距和不足，学习对方的优点与长处，如果忽略了比较的本质意义，从比较变为攀比，自然会让自己陷入深深的焦虑之中，每天愤愤不平，再也没有快乐可言。所以，请停止攀比，懂得知足常乐的道理，只要努力了、付出了，无论结果如何，都应坦然接受。

学会时间管理

　　有些人产生焦虑情绪，是在时间管理上出了问题。工作任务重、压力大，但又不能合理分配时间，做事不分主次轻重，越忙越乱，最后几乎没有什么进展和成果，焦虑情绪就由此产生了。

　　有效的应对办法是，学会时间管理，抓住事物的主要矛盾，沉浸其中，高效完成。有看得见的效果和进度，内心也会产生满足感、成就感，这时焦虑就再也难以影响我们的心境了。

多做一些有益的事情,保持身心的愉悦状态

有时内心焦虑不安,试图说服自己也无济于事,这时就不妨暂且把烦心的事情放下,多去外面走一走、看一看,做一些积极有益的事情,看到身边需要帮助的人,伸手去帮一把,心态愉悦平和了,内心的压力也会释放不少。

放平心态，人生不可能事事美好

苏东坡在《水调歌头·明月几时有》一词中写道："人有悲欢离合，月有阴晴圆缺，此事古难全。"简短的话语里面，蕴含着朴素的哲理智慧，人生在世，不可能事事美好、处处如意，所以在为人处世上，不要太过执着，也不要过分地勉强自己，放平心态，凡事学会看淡。

完美主义的心态要不得

心理学上称那些事事热衷追求尽善尽美的人为"完美主义者"，秉持完美主义的人群，对待人和事都要求完美无缺，不允许任何瑕疵的存在，力争圆满。

虽然追求完美是一种美好的理想状态，但是在现实生活中很难实现。如果一个人太过执着于追求完美，那么他在具体的工作和生活中就会缺乏弹性和灵活性，最后反而更加不完美，给自己留下诸多的遗憾。

三国时期的诸葛亮，在后世人的眼中，他不仅是智慧的化身，同时也拥有坚毅、正直、忠诚的品行与美德，千百年来，备受人们的赞誉。但是走近历史中真实的诸葛亮，我们发现在他美好德行的背后，也隐藏有完美主义的人格。

在日常军政事务的处理中，诸葛亮总是总揽全局。他在处理事务时，以尽善尽美为第一，事情不分大小，无论巨细，他都要求自己事必躬亲，一一过问。

在正史记载中，蜀汉各级官吏的人事安排，也全部由诸葛亮自己掌控，诸如从侍中、侍郎到尚书、长史、参军等一般官员，具体人选全部由他来考察任命，力求完美无瑕，工作量可想而知。假如不是操劳过度，"出师未捷身先死"的人生悲剧，或许就不会发生。

尽善尽美显然只是一种美好的理想状态，现实生活中我们需要做的就是顺应形势，尽力而为即可，也许结果会有些遗憾，但是只要我们努力过了就问心无愧，了无遗憾。

放平心态，生活中的美好将会不期而遇

追求完美的想法没有错，但不能纠结于完美，当眼前的人或事并不是太如意的时候，也请放平心态，合理地处理自己焦躁不安的情绪，学会接受日常生活中的"阴晴圆缺"，少一分抱怨与牢骚，

多一分淡定与从容，坦然面对。

悦悦结婚生了孩子后，为了养育孩子，放弃了工作，当起了全职的家庭主妇。

大家都知道养孩子非常操心受累，每天从早上七点开始，做早餐，督促孩子穿衣服上学，一天几次接送，晚上还要给孩子辅导功课，其他生活上的杂事就更不用说了。

作为两个孩子的妈妈，悦悦每天从早忙到晚，在她看来，时间已经不属于自己了，日常生活的主题就是围着孩子和丈夫转。

看着妻子为家庭辛苦操劳，丈夫十分心疼和愧疚。悦悦笑着对丈夫说："生活总有美中不足的地方，不是每一件事情都能让我们完全满意。其实想一想，我们有两个可爱的孩子和幸福的家庭，虽然累一点、苦一点，但也是值得的，我觉得这就是我想要的幸福生活。"

其实悦悦的家庭，是千万个家庭中的一个微小的缩影，芸芸众生，都是普通平凡的个体，都在为了幸福生活辛勤努力，哪有事事美好、称心如意的呢？

在日常生活中，在平淡的岁月里，我们要学会保持一颗平常心，不必苛求事事都美好如意，否则我们反而会忽略了在生活细节和时光的缝隙中隐藏的幸福和快乐。

放平心态，生活中的美好就会不期而遇，我们也会因此更能轻松、自在地去生活。当自己累了、倦了，不妨停下前行的脚步，用心去感悟、去发现，用乐观的眼光去审视，那时你就会明白，原本看似琐碎枯燥的生活，会因为我们的知足而显得更加美好。

第八章
清醒自渡，做自己的摆渡人

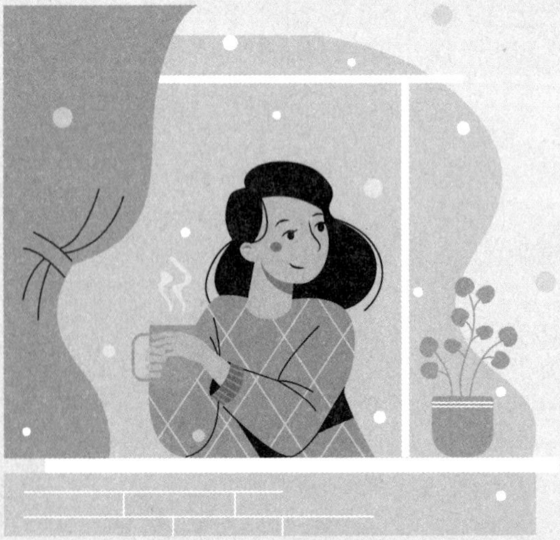

人生在世，在前行的道路上，免不了要经历无数坎坷风雨与磨难波折。当遭遇困境时，我们常期望有一把伞能够及时地为我们遮风挡雨。而那把我们无比期待的伞其实正是我们自己，我们才是自己生命里最值得信赖和依靠的人，要知道，努力自渡，才是最清醒的活法。所以，当某一段黑暗时刻来临时，请不要放弃对美好理想的热爱和追求，要向上攀登，向阳而生，靠自己从深渊中解脱出来。

身在谷底，黑暗的路往往要一个人走

在生命的长河中，每一个平凡的个体几乎都会经历低谷期。当处于人生最暗淡无光的日子时，其中的辛酸苦楚只能我们自己扛，如果自己不坚强，将会永远被困在谷底。唯有继续埋头向前冲，咬紧牙关熬过去，才能化茧成蝶，涅槃重生。

昂扬向上，请自己给自己撑伞

只有真正独立面对过生活的磨难，才会变得无比坚强；只有从人生的荆棘丛中走过，才能获得更好的成长。仔细品味，这正是对处于人生低谷期的人们内心心境最好的生动写照。

每一个人都可能会遭遇人生的至暗时刻，坠落到人生的低谷。在低谷期时，失落、沉郁、沮丧，心情糟糕到了极点。也正因为内心承受着难以想象的重压，所以每当这个时候，我们总是想要拉住身边的人，向他们倾诉、抱怨，渴望能博取同情，得到安慰、理解和帮助。

但结果呢？大多数时候，我们迎来的只是无尽的失望，热切期盼的雪中送炭场景，在望眼欲穿中也久久没有回音。其实，我们不必将希望寄托在他人身上，一切靠自己才是最靠谱的选择。

莹莹就曾遭遇过一段不堪回首的人生低谷期。

那一年，莹莹正读大四，她全力以赴，想要考取她心目中向往已久的名牌大学研究生。然而她刚刚考完试，家里就发生了不幸的事情，她在工地上班的父亲不小心从脚手架上跌落，摔成了重伤，住进了医院。

父亲是家里的顶梁柱，母亲常年有病，弟弟还在读高中，亲朋好友也只能提供有限的帮助，对巨额的康复费用，无疑是杯水车薪。这一下，所有的压力都压在了莹莹的身上。

莹莹在经过痛苦的思考后，还是决定放弃读研，尽快找一份工作，以减轻家里的经济压力。

就这样，莹莹刚一毕业，就进入了一家公司工作。为了能多赚一点钱，下班后，莹莹还要去做一份兼职，每天都到深夜了，她才拖着疲惫的身体回到自己居住的地方。

这种日复一日的高强度生活，莹莹咬牙坚持了三年。在这三年时间里，她依然没有丢下学习，她相信痛苦只是暂时的，她还年轻，未来还有无限的可能。

就这样，在莹莹的努力下，父亲的身体慢慢康复了，弟弟也顺利考入了大学。最困难的时候终于过去了，莹莹也长舒了一口气，她也抓紧时间积极复习备考，顺利地考上了研究生。研究生毕业后,莹莹留在了大城市工作,很快站稳了脚跟的她,把父母也从老家接过来,跟她一起生活。而莹莹的弟弟,读完大学后自主创业,公司的各项经营也慢慢步入了正轨。

回首过往,莹莹非常感谢当初的自己,在生命最为暗淡的时光里,自己没有选择屈服或放弃,而是通过不懈的努力与坚持,让自己和家人从困难中挣脱出来。

人的一生,总要走过一段黑暗的路,这段路需要自己独自坚持走完。在这似乎看不到任何希望的日子里,没有人能够替代我们与命运抗争,也没有人可以替我们背负我们肩上的担子,只有自己咬紧牙关去拼搏、去突围,让自己变得更强大,才能熬过黑暗,迎来光明。

谁也不愿步入低谷,然而当真的沉到谷底时,无论面对多大的困难,都要告诉自己不妥协,不后退,勇敢面对,迎难而上,积极寻找向上的出路,相信这个世界上没有过不去的坎,当你经受住了生活的摔打,那么一切苦难和不幸也都将成为过去。

学会承受,才能更好地成长

其实,低谷期并没有想象中的那么可怕,关键是我们如何全面客观地认识它。人生的低谷期,从表面上看是人生的一场磨难,但实际上它更是对自我的一种磨砺,一个重新审视与反思自我的窗口,一个能够让自我蜕变重生的契机。一旦挺过去了,内心也将会得到全面的升华。

认清自己，理顺生活

假如我们的人生遭遇了不幸，需要独自走过那段黑暗的路程，我们又该如何有效应对呢？

不灰心，不自弃，在忍耐中积极自渡

当面临人生的至暗时刻时，要迅速调整好心态，不管有多大的困难，都要在忍耐中去努力自渡，告诉自己无论如何都要挺下去。

战国时期，鬼谷子门下有两位高徒，一个名叫孙膑，另一个名叫庞涓。庞涓功利心重，羡慕荣华富贵，他在魏国站稳了脚跟后，知道自己的军事才能比不过孙膑，便假意邀请孙膑下山来到魏国。后来庞涓设下毒计，在魏王面前诬告孙膑，使得孙膑被砍去双腿，成为一个废人。

如果换作其他人，或许只能向命运低头，接受这强加在自己身上的不公。但孙膑没有，他很快扭转沮丧愤懑的心态，奋发图强，最后以一部《孙膑兵法》光耀后世，很好地完成了对自我的救赎，一步一步爬出了人生的低谷。

静下心来，沉淀和积累

工作中，有时候我们因为自身的能力不够、才华不足，在激烈的职场竞争中处于劣势，无形中遭遇了人生的困境，进退维谷。

"临渊羡鱼，不如退而结网。"处于人生低谷期的我们，要耐得住性子，分析自身的不足，然后静下心来学习，汲取知识的营养，在沉淀和积累中去全面地提升自我。当自己重新变得强大了之后，自然就能获得向上奋进的底气和勇气。

认真观察，把握方向，静待时机

人生发展中遭受挫折与打击时，也请不要灰心。人生路上，没有人能够一直顺风顺水，放平心态，在反思自身的过程中，一方面思考下一步的规划，另一方面仔细观察，把握发展的动态与方向，静静等待更好机遇的来临，做到一击必中，逆风翻盘。

聚散无常,人世的悲欢需要自己消化

人们常把人生比喻成一场单程的旅途,在我们生命里出现过的一些人、一些事,都在光影流转的时光里慢慢成为过去,彼此渐行渐远,最后都沉淀成了往昔的回忆。聚散无常,是人生的常态,也是成长的代价,无论爱恨悲欢,都需要我们独自去消化。

人生本是一场不断离散的旅程

缘分是一个奇妙的东西,在我们的生命中,会和无数人相逢,有些人只是和我们擦肩而过,很快成为陌路;有些人会和我们一路同行,肩并肩走上一程……

但是,当我们走过岁月的长河,在经历了太多的离散聚合之后,回首过往时就会发现,原来在人生旅途中遇到的这些人,有些

认清自己，理顺生活

相遇就是为了告别，他们会在某一个时刻，慢慢地从我们的生活中退出，注定无法一起长久地走下去。

高阳和夏夏第一次相遇，是在公司新人培训会议上，这也是高阳毕业后入职的第一家公司。

当时的夏夏，一身碎花长裙，笼罩在春日光晕里，是那么的青春靓丽，优雅动人，高阳第一次有动心的感觉。

正式入职后，高阳和夏夏巧合地分在了同一个项目组。入职的第一晚，高阳兴奋得睡不着，满脑子都是夏夏的身影。

在接下来的生活和工作中，高阳对夏夏的照顾无微不至。高阳觉得，和夏夏在一起的日子是快乐的、幸福的，整个世界都在发光，他的人生变得如此美好。

恋爱中的两个人却在一次假期之后渐行渐远。夏夏假期回家后不久，高阳收到了夏夏发来的一条信息，夏夏告诉高阳，她的父亲生病了，她打算在家乡找份工作，这样能够更好地照顾家人，祝愿高阳余生幸福。

从此，他们两人就像是两条平行线，相向而行，只是永远无法交集在一起。高阳拿起电话联系夏夏，却再也无法接通，夏夏仿佛是一束光，突然从高阳的生命里消失了。

在最初失去夏夏的那一段日子里，高阳内心充满了痛苦，他不停地翻看着相册，回忆两人之间的点点滴滴，心酸不已。就这样，他用了将近半年的时间，才从爱的伤痛中走了出来，因为高阳也慢慢明白了缘分天定、聚散无常的道理，他们注定没有结果，不如早日洒脱放下。

人生就是这样，聚散无常，不断地上演着相遇又分离的场景。有些事情一旦错过了，就再也难以挽回；有些人一旦转身离去了，可能就很难再有交集。所以说，人生的本质其实就是一个离别的过程，无论是爱情、亲情还是友情都是如此，也许前一天还在一起欢声笑语，憧憬着美好的未来，转眼就各奔东西；也许满怀期许，张开双臂想要将对方拥入怀中，而对方却在下一个瞬间远离了视线，留下的伤痛只能慢慢愈合，心情只能慢慢地平复。

聚散无常，你应当这样去做

人生匆匆，岁月如梭。我们生命的旅程，就像是一辆开往远方的列车，山一程，水一程，人生的每一站都有人上车，和我们相遇；也都有人下车，同我们道别。聚与散，是人生旅途一道别样的风景。

在这趟没有归程的列车上，友情也好，爱情也罢，很多时候，都慢慢地从无话不谈变成了相对无言，从山盟海誓变为了天各一方，然后道一声珍重，在云淡风轻中从各自的人生中退出。

面对人生的悲欢聚散，我们又该以怎样的心态去面对呢？

保持坦然的心境，告诉自己聚散随缘

人生的别离，总会让人们内心充满酸楚和无奈。但我们应当明白的是，聚散是人生的常态，有些人注定不能和我们永远在一起，所以当彼此的缘分尽了，请坦然接受，勇敢面对。

聚散随缘，既然没有一路同行下去的缘分，那就不要过分纠结，即使内心有不舍和伤痛，也要学会放下与释怀。

懂得珍惜，让美好的回忆常驻

当和对方一路同行时，请感恩这场相遇，感谢对方的出现让我们的生命多了一抹绚烂的色彩。同时在心怀感激之时，还要努力珍惜这难得的缘分，去关怀和爱，去付出和投入，让生命不留遗憾，让彼此都能铭记这份难得的美好。

即使是缘分已尽，也在内心深处为那些曾在我们生命里留下重要印记的人留一个小小的位置，这样在任何时候回想过往时，这份曾经的美好都能丰盈我们的精神世界。

努力把握现在，活在当下，活出精彩

过去就过去了，重要的是过好当下，我们依旧一心向阳。离别感到伤痛时可以流泪，让悲伤的情感尽情地宣泄，只是在伤心过后，要擦掉泪痕，微笑着去迎接新的生活，莫让过去的痛苦影响当下的生活，也请相信未来还会有人陪着我们一起走过人生的四季。

自我约束，人要对自己负责

对成年人来说，最好的自律就是要做到对自己负责，任何时候都懂得约束自己，同时不断地提升和改变自我，遇见更好的自己。

做自己人生成长的第一责任人

很多人都明白自律的重要性，自律的人，能有效规范自身的言行举止，让自己变得更好。

通过严格的自律，做到对自身的行为和决定负责，做自己人生成长的第一责任人。

夏日一处山谷的浅滩上，很多父母带着孩子来这里游玩。大多数来这里游玩的人，都在河边捉鱼摸螃蟹，但是有一些玩心重的大人和孩子，竟然穿过湍急的河水，跳到河道中间的大石块上拍照戏水。

  一个小男孩看到后，也心动了，他拉着妈妈的手，请求妈妈也能带他到河中间的石块上去玩，觉得那样才最为刺激。

  妈妈拒绝了儿子的请求，并且说："孩子，我们不能过去，你就老老实实在河边玩就行了，河道中间太危险了。"

  小男孩不解地看向妈妈，委屈地说："为什么不可以？我也没看到有什么危险呀！再说妈妈你看不是有好多人都过去了吗？不行，我也想要站在那些大石块上面，肯定非常好玩。"

  妈妈听了，伸手指向河滩不远处的警示牌，示意小男孩仔细看。小男孩睁大眼睛，一字一句地读着上面醒目的大字："河道危险，请游客注意泥石流等自然灾害，严禁靠近。"

  "看到这些字了吗？"妈妈问儿子，在他点头确认后，妈妈又语重心长地告诉他："孩子，这几天山里一直有雨，山上的洪水说不准什么时候就下来了，到时躲都躲不及，一旦发生危险，没有人能为你的任性买单，你必须懂得自我约束，对自己的生命安全负责。"

  故事中的母亲，是一个头脑非常清醒的人，既然有警示标牌，肯定有它存在的道理，意外无时不在，所以她才告诫孩子，必须树立安全意识，对自己负责。

  一所大学里，辅导员组织大家展开了一场生动的讨论。讨论的主题是"我们为什么要学，为谁而学"。

  同学们开始各抒己见，思想的火花产生碰撞，最后辅导员做了一个简单的总结，他告诉同学们，学习不是为了父母老师，读书和成长从根本上说，是自己的事情，自己才是自我人生成长的第一责任人，唯有做到自律和自我约束，慢慢地取得成长和进步，才能有余力照顾好身边的人，做到对他人负责。

第八章　清醒自渡，做自己的摆渡人

这场辩论对大家的触动都非常大，同学们也深刻地感受到"责任"两个字背后沉甸甸的含义。而在这众多的责任里面，唯有自我约束、高度自律，先做到对自己负责，才能扛起家庭和事业的责任。

如何做到自己对自己负责呢

对自己负责，最为重要的是在充分认识自己的基础上做到自我约束与自律，去有效地控制自己的行为，并不断地提升能力和素养，对自己负责。

日常生活中，做到自律，可以从这样几个方面着手。

要注意自身的言行举止

人们常说，一个人的言行举止是修养和品行高低的体现，影响着日常中的人际交往。

懂得自我约束的人，在和他人相处时，会时时提醒自己，在话语出口前，一定要三思，什么话应该说，什么话不能乱说，说话有度，掌握好分寸。

在交际中，要学会察言观色，要考虑别人的感受，更要控制自己的表达欲望，始终要做到谨言慎行。

做到了这些，我们就能赢得他人的好感和尊重，这对于处理人际关系有着显著的促进作用。得到了别人的信任，事业发展自然就更稳更远。

成为自己情绪的掌控者

对自己负责，除了控制好自身的言行，也要懂得掌控自己的情绪。无论在日常交往还是工作中，如果无法控制自己的情绪，发生一点小事就大吵大闹，不依不饶，只会让人敬而远之，对生活和工作毫无益处。

一个人如果连自己的情绪都很难控制好，自然也就难以有效地去掌控自己人生的发展。所以说，做好情绪管理很有必要，莫要让自己成为负面情绪的"奴隶"，管理好情绪也是一种对自己负责的行为。

没有人不受负面情绪的影响，当察觉自身有了负面情绪后，请尽快去调整自己的情绪状态，不要让这些负面情绪影响自己，更不要影响他人，努力做好自己。

有合理的人生规划，做到自律上进

自我约束的最高层次，就是能够很好地去掌控自己人生的发展。相信大多数人心中都有自己的理想和目标，都想活成自己想要成为的样子。

人生目标的实现，重在自律上进。如果能有强大的定力抵制住

第八章 清醒自渡，做自己的摆渡人

不良的诱惑，也能有顽强的意志克制住欲望，学会控制自己，认定目标，脚踏实地，专注前行，并能长期不懈地坚持下去，那么我们的人生定然会光芒四射，与众不同。

　　自己对自己负责，小到言行举止，大到人生目标，都要以高度的自律为基础，对自己负责，才是真正地为自己而活，成为自己命运的主宰者。

向上生长，生活不会辜负努力的人

在人生的旅途中，会遇到无数风风雨雨，不管前方的路有多少艰难曲折，如何崎岖不平，只要选择的方向是对的，那就请你努力向上，一直向前，相信生活不会辜负每一个努力的人。

向前出发，每向前一步就更接近幸福

有这样一些人，他们总是在和他人的比较中抱怨命运的不公：为什么别人有不错的薪水、稳定的工作、成功的事业，而自己一无所有，仿佛生活在处处难为自己。

问题出在了哪里呢？其实，问题就在于个人对待生活的态度和眼界不同。人们常常看到的是身边人所取得的成功，往往忽视了他们在成功背后的努力付出，只知道去羡慕、忌妒，却从来没有真

认清自己，理顺生活

正将目标计划落在实处，只是安于现状，停留在原地不动，心态消极，这样自然难以获得命运的垂青。

进一步说，并非生活辜负了你，你所有的不幸和苦难，反倒可能是你对待生活的敷衍态度造成的，努力向上，生活也将以无穷的希望和惊喜作为回报。

从一名普通打工人到公司财务经理，文青整整用了十年的时间。

大专毕业后的文青，和同学们一起来到了大城市打工。文青的第一份工作，是一家企业的普通员工，流水线上的劳作非常辛苦，每一天都做着相同的事情，枯燥乏味。

工作了半年之后，文青的内心有了疑问：难道大好的青春年华就要这样度过吗？在思考了无数个日日夜夜之后，文青决定要再多努力一些，通过奋斗来改变自我的命运。

树立目标理想是一回事，但真正做起来，又是另外一回事。好在文青没有放弃，看清了自己的不足，她在工作之余，开始读书学习。

凭借着顽强的意志，文青一口气通过了自考本科。不过，文青仍然没有停止学习。她在工作之余又把精力放在了会计专业的学习上。她对财会知识一窍不通，从头开始学习的难度可想而知，但文青咬牙坚持了下来，最后成功考取了会计资格证书。

有了学历和专业技能，文青也得到了一家大企业出纳的工作。对这一全新的工作岗位，文青无比珍惜，工作中她谦虚认真，上进勤恳，从出纳到会计，从会计到负责整个部门的财务经理，她一步步让自己变得更加优秀。向上生长的文青，用自身的经历证明了"生活不会辜负每一个努力的人"的道理。

文青的个人经历告诉我们，当有了坚定的决心，认定了努力的方向，就应该矢志不移地走下去，世上没有白白浪费的努力拼搏，你所吃过的苦、读过的书、走过的路，都是日后你向上攀登的台阶。

努力向上，我们应该这样去做

每个人都有自己的理想与追求，然而在现实面前，许多人总是被惰性思想和安于现状的心理所影响，最后一事无成。所以，向上生长，积极进取，需要我们有以下这些思想准备和行动。

树立从当下做起的意识，把握好现在

决定一个人人生高度的，除了能力、才华，更为重要的是对待生活的态度。

有人认为自己年龄大了，学不会，做不来，其实这就是惰性思维的表现，要知道"太晚"只是懒惰、拖延的借口，只要付诸行动，任何时候都不晚。

北宋大文学家苏洵，年轻时家境不错，他也很少将心思放在学习上，每天玩乐，无所事事。一直到了二十七八岁的时候，苏洵才意识到了学习的重要性，从此开始，他闭门苦读，第一次科举名落孙山，苏洵再接再厉，奋发振作，终于在几年后金榜题名，北宋文

坛上也由此多了一颗耀眼的明星。

正如人们常说的那样，在应该奋斗的年纪，不要选择安逸。一旦心有所往，就应立即投入实际行动中，不犹豫，不拖延。

保持乐观的心态，不放弃

向上成长，本质上是一个战胜自己的过程，战胜心中的那个懦弱懒惰的"小我"，才能成就真正的"大我"。

在这个过程中，心态非常关键。也许我们饱尝了生活的苦涩，也许奋力前行时困难重重，但只要保持乐观的心态，始终相信希望在前方，幸福就在转弯处，再前进一步，就能品尝到生活甜美的味道。

同样，没有人能够轻易获得成功，一个人成功的背后，一定付出了无数的汗水、泪水和心血。当遇到巨大阻碍时，要告诉自己不放弃，不要害怕付出没有收获，也不要浅尝辄止，而要继续努力向上，哪怕每天只是一点一滴的进步，日积月累，总会有从量变到质变的那一天，会在突破自我的基础上，实现华丽的蝶变。

选对方向，高效做事

如果大方向错误了，目标不对，会浪费很多时间和精力，因此在寻找努力的目标时，应充分结合自身的实际情况，既要低下头勤奋努力，又要抬头看路，这样更能取得事半功倍的效果。

保持高度的专注度，莫要急于求成

俗语常说"浅挖十个坑，不如深挖一口井"。一口井只有挖到一定的深度，才能找到甘甜的水源。刚刚种下一颗种子，就期望有果实满仓的收获，是不切实际的急于求成，是不可取的。

因此，在选定适合自己的领域后，要拿出强大的毅力，矢志不移、持续不断地深挖下去，相信坚持不懈一定能看到成功的曙光，你尽管努力，最后时间一定会给你答案。

第九章

取悦自己，不负人间

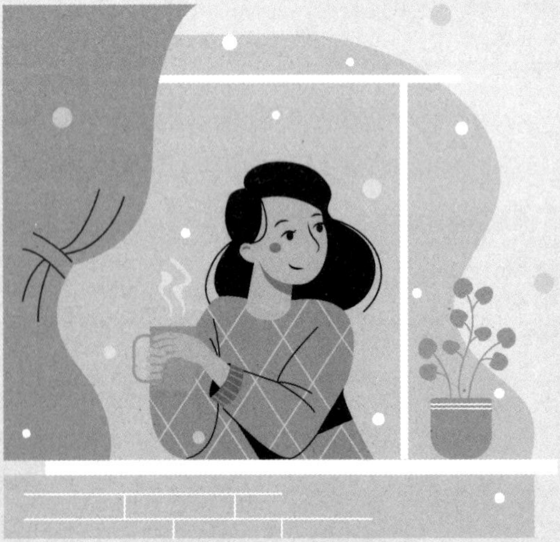

很多人在走过人生大半旅程之后回首往昔，才蓦然发现，过去的自己曾经为了那么多人而活，负重前行，却单单没有活成自己想要的模样。人生短暂，请学会爱自己，看重自己。如果有可能，在有限的时光里，尽管去做自己喜欢的事情，去走自己愿意走的路，取悦自己，才不枉此生。

人生只有一次，去做想做的事

人生只有一次，人生的旅程是单程的，每过一天都距离终点更近一步。所以，人活在世上，就要让自己活得坦坦荡荡、淋漓酣畅，遵从自己的内心，大胆、勇敢一点，做自己想要做的事，成为自己想要成为的样子，享受快意人生。

为什么我们总是裹足不前

每个人都会有遗憾，遗憾也各有不同，然而总结下来，这些遗憾有一个共同的特征，即在年轻的岁月里，在有能力去做的情况下，却选择了逃避，裹足不前，畏首畏尾，由此在自己的生命里留下了诸多遗憾。

为什么有大把充裕的时间，有各种各样的机会摆在面前，偏偏以遗憾收尾呢？分析原因，主要有以下几点。

一是内向害羞，有想法没行动。

一些人性格内向，胆小害羞，虽然他们内心的情感世界非常丰富，有着很多的想法和规划，但是在现实面前，这些人却顾虑重重，迟疑不定，害怕失败。

有一个女生，年轻时曾无比喜欢班上的一名男生，她有好几次都想要鼓足勇气表白，她却将这份美好的情感一直深埋在心底，直到毕业各奔东西，她也没能将那一个"爱"字说出口。

一晃二十多年过去了，两人天各一方，早已断了联系。在一次同学聚会上，两人又偶然间重逢了。

生活的阅历和沉淀，让女生不再像当初那样羞涩和胆怯，谈笑间，她和那名男同学说出了当年自己内心的秘密。

男同学听了，脸上露出一丝苦笑，问她说："那你为什么不说出口呢？哪怕是一张小小的纸条，我就能明白你的心意了。"

女生不好意思地笑着说："我是女孩子，害怕被拒绝没面子呀。"

男同学的眼光望向远处，轻声说："当年你怎么会不知道我的心意呢？食堂打饭，我帮你排队；图书馆学习，我帮你占座。你是那么优秀的女生，那么多男生围着你转，不自信的我，只是在等一个确定的声音。"

话已至此，两人只能相视一笑。是啊，女人的胆怯，男人的迟疑，在相互观望中，错过了一段美好的缘分，一转身，就是一辈子的遗憾。

二是从来没有尝试过，害怕出错。

没有尝试过，所以担心做不好会受到别人的讥讽与嘲笑，这也是很多人在面对新鲜事物时选择退缩的原因。即使他们内心充满了

第九章　取悦自己，不负人间

挑战自我的渴望，但是在反复权衡之后，还是缺乏足够的勇气，不敢去做自己想做的事情。

事实上，仔细想一想，"没有尝试过"的标准是什么呢？我们第一次来到人间，第一次蹒跚学步，第一次背着书包去上学……增加的都是"没有尝试过"的经历。

人生一直是一个不断尝试的过程，我们在尝试中品味了人生的喜怒哀乐，领略了人生四季不同的美丽风景，将眼前的苟且活成了充满绚烂浪漫的诗和远方。

拿"没有尝试过"作为自己退缩的理由，只能说明内心非常懦弱，不去大胆地试一次，你又怎么知道自己不行呢？拒绝挑战和变化，永远成为不了自己想要成为的样子。

生命只有一次，哪有那么多时间说自己不行呢？一次次犹豫，一次次错过，一次次遗憾，最终将辜负自己。

人生只有一次，学会取悦自己

在人生前行的道路上，不要总是说"我不会""我不行""我不敢"等否定话语，对每个人来说，生命只有一次，我们为什么不拼尽全力勇敢前行，去做我们喜欢做的事情，去享受更多的美好呢？

这辈子不长，要懂得去取悦自己，明白为自己而活的道理，同时去拓宽我们人生的厚度和广度，人世间所有的快乐幸福，我们都值得拥有。

明代地理学家、文学家徐霞客的人生传奇告诉世人，生命的精彩，应由我们自己执笔来书写。

徐霞客出身富裕的家庭，在那个年代，读书参加科举考试是无数人出人头地的不二选择，徐霞客也曾投身功名，但在科举失利后，他果断选择放手，不愿将人生大好的生命白白浪费掉。

自幼就对山川地理痴迷的他，决定为自己的理想而活，用脚步去丈量祖国的山山水水，在有限的生命里，全心全意地去做自己喜欢的事情。

徐霞客的决定遭到了身边很多人的反对，他们认为徐霞客是不务正业的"纨绔子弟"，家中良田万顷，吃喝不愁，即使无意科举，继承家业做一个富翁多好，却要去做那些离经叛道的事情。

对这些非议和指责，徐霞客一概置若罔闻，他明白自己想要的是什么，他要为自己而活，取悦自己，让余生的每一天都幸福快乐。

徐霞客的母亲也非常支持儿子的决定，她告诉儿子，无论怎么活，只要快乐知足就好，千万不要有那么多顾虑，也无须太在意别人的目光，大胆、勇敢地向前走。

得到母亲的理解和支持，徐霞客更加觉得安心，就这样，他踏上了壮游祖国山川的旅途，历九川，踏五岳，探奇测幽，脚步遍布大半个中国。

在游览大好河山时，徐霞客并非单纯地赏玩，他一路走，一路看和记，在寄情于山水的同时，还将古人典籍中有关地理方面记载的错误一一勘正过来，最后将一部被誉为"千古奇书"的《徐霞客游记》留给了后人。

余生短暂，没有那么多来日方长，学会爱自己、取悦自己，放下人生的负重，成为你想成为的自己，才不枉来人间一趟。真真正

第九章　取悦自己，不负人间

正地为自己而活，我们应当这样去做。

首先要让自己对外界的事物保持强烈的好奇心和探索欲望。在未知事物的面前，好奇心和探索欲望能让我们丢下恐惧，拥有"敢为天下先"的胆识和勇气，敢于去发现、去追求，进而让自己的生命更加充盈、丰满。

其次要积极行动，认准了的事情立即着手准备。一辈子不长，在有限的生命里，要想让人生更精彩，就应当不畏将来，大胆地去行动，全身心投入其中，这样才能实现自己的理想，让人生不留遗憾。很多时候，当我们勇敢地跨出第一步，会发现外面的世界山高水阔，精彩纷呈，充满了无限的可能。

当然，为自己而活，去爱自己想要爱的人，去做自己想要做的事情，还需要注意是，我们所追求、所爱好的人和事，都应该是正当的，处在道德和法律允许的范围内，而不是随心所欲、恣意妄为。

无畏改变，人生是不断起伏变化的

在哲学家眼里，世间万事万物无时无刻不在变化着，人生也是如此，变化才是人生的本质和常态。人生是不断起伏变化的，然而正是这些波折起伏，才让生命充满了动人的质感，也让心境得到了最好的锤炼和提升，所以不必畏惧人生的起伏，要勇敢地面对改变。

♥ 我们为什么总是畏惧改变

留心观察的话，就会发现身边的人或事，都在悄然中发生着改变。改变是人生的常态，主动拥抱和迎接改变，我们才能更好地适应外部环境的变化，更好地走下去。

然而在改变面前，有些人敢于正视变化，能够以乐观的心态去积极地迎接改变；但还有为数不少的人畏惧改变，他们在变化面前往往选择逃避，其中的原因是什么呢？

第一，对未来充满未知的恐惧。

既然是改变，就会出现各种不确定性，未来是一个怎样的模样，是好还是坏？新的环境是否能够适应？基于这样的心理因素，有些人自然就谈"变"色变，不愿去接受改变，也不想去适应改变带来的新局面。

第二，惯性的力量所致，担心打破现在安宁、舒适的生活。

安于现状是人们常见的心理特征。稳定安逸是许多人向往的状态，尤其是对于习惯了待在舒适区的人们，从主观意愿上更是拒绝改变。

有时候，虽然人们也明白改变是一件好的事情，正所谓不破不立，想要向上攀登，就要勇于去接受改变。

不过在他们的内心深处，在潜意识里还是拒绝接受改变，原因就是受惯性的影响。习惯了现在的生活环境，习惯了现有的人际关系，一旦改变，会让他们产生各种不适应，因此能拖就拖，尽量远离改变，不到万不得已绝不主动打破现有的舒适局面。

第三，能力和信心不足。

对那些能力和信心不足的人们来说，他们在面对改变时，首先想到的不是如何去应对、去适应，而是考虑自己是否能够胜任，在这种高度自我怀疑中，他们从不敢主动地尝试，更不敢勇敢地踏出第一步。

以上种种，都是人们畏惧改变的心理成因。事实上，改变并没有那么可怕，当我们鼓足勇气，拿出信心，在外部环境的变化中主动去改变自己时，就会发现事情其实并没有我们预先想象的那样糟糕，过程也没有那么艰难。

只要勇敢地走出第一步，忍受住改变初期带给我们的冲击和痛苦，接下来的人生旅途，自然会越来越宽广平坦，结果也要比当初预想的美好许多。

无畏改变，需要改变的是什么

"穷则变，变则通，通则达，达则久。"适者生存，是人能够适应外界环境和条件变化的基本能力。害怕变化，拒绝改变，不能适应社会的发展进步，最终注定会被淘汰掉。

所以，要无畏改变，不断地去丰富自己，提升自我，在变化中拥抱一个全新的我。那么，我们需要改变什么呢？

改变心态

人的心态非常重要，心态决定了我们的人生态度，也决定了能达到的人生高度。所以，拥抱改变，先要从改变自身的心态开始。我们需要清楚认识到的是，人可以被打败，但永远不会被打倒。

一个人尝试和创新的过程，或许是不断遭遇挫折、不断克服困难的过程，但也是一个磨砺自我、蝶变自我的过程，唯有改变才能获得新生，只要我们心中有坚定的信念和不屈的毅力，再大、再多的改变也能从容应对，更能牢牢把握现在和未来。

主动学习，跟上时代的发展

变化是时代的主旋律，如果不想被时代抛弃，就要积极地做出各种改变，和社会的发展进步同频共振。

比如，在职场中想要适应激烈竞争的职场环境，就要不断学习新知识，钻研新技术，吸收新的管理思想，接受新的商业模式，让自己时时充电，争取不落伍、不掉队。

改变自我的认知

一个人在面对改变时，要从改变自我的认知开始，勇于打破自身固有的那些陈旧思维，从思想源头隔断阻挡我们勇于改变的念头。

如果思维陈旧，学习再多的知识和技术也没有多大的用处，因为如果认知得不到改变，知识文化就很难发挥出应有的作用。

改变自己，是为了更好地改变他人、改变世界

改变自己，从更为广泛的意义上来说，事实上也是为了更好地改变他人，改变我们眼前的世界。

被誉为"提灯天使"的南丁格尔，就是一个敢于走出舒适区，改变自己也改变了世界的例子。南丁格尔生活的年代，护理行业在社会上被人们看作是一种低级的职业，没有人愿意从事这份工作。

第九章 取悦自己，不负人间

南丁格尔却不这样认为，她在看到了护理落后的现状时，反而更加努力地去学习护理方面的知识与技能。

最终，敢于走出舒适区、积极拥抱改变的她，不仅成为现代护理学的奠基人，还在全世界范围内营造出了同情病人的共同文化心理认知，她很好地做到了在改变自己的同时，也改变了世界。

改变的本质，其实就是突破自我，拥抱更为美好的未来。当你主动去尝试时，就会慢慢发现，原来外面还有更为广阔的天地，人生还有这么多的可能，那时的你，一定会喜欢上改变，也会感谢当初那个勇于改变的自己。

学无止境，让自己变得辽阔

"书山有路勤为径，学海无涯苦作舟。"读书学习，是一个终身持续不断的过程，学习没有尽头，永无止境，在学习的过程中，我们会慢慢拥有开阔的思维和眼界，获得勇于冲破一切艰难险阻的力量。

学习，让成长更有意义

一谈到读书学习，很多人会抱怨苦和累，想一想从学生生涯开始，小学、中学、大学一路走下来，熬过了多少黄昏黎明。即使大学毕业走上社会，依然要学习掌握各种知识技能，学习，似乎永无尽头，如果没有强大的毅力作为支撑的话，很难长久地坚持下去。

诚然，读书学习确实比较苦和累，然而需要明白的是，正是通过孜孜不倦的读和学，才让我们拥有了"开眼看世界"的能力和智慧。打开知识的宝库，在浩如烟海的天地里，我们才能更好和天地、众生相遇。

人的生命是有限度的，几十年弹指一挥间，我们穷其一生，也很难将自己想要去的地方走完、看完，但通过学习能让灵魂突破身体和现实的束缚，来一场穿越时空的旅行，前往你想要到达的任何地方，看到你想要看到的风景，当内心的精神世界充实丰富了，你自然就能拥有一个全新的视野，在人生的顶峰去领略更多的胜景。

从更深层的意义上说，一个人一生中所能达到的人生高度，基于自身的胸襟和视野，培养大格局和大气度，可以通过读书学习来实现。

学习，可以让一个懦弱的人充满无穷的勇气，也可以让一个意志颓废的人重新拾起强大的自信。

西汉文学家戴圣在《礼记·学记》中说："是故学然后知不足，教然后知困。知不足，然后能自反也；知困，然后能自强也。"

一个人行走在人世间，不仅需要充裕的物质生活，更需要强大的精神力量。学习，能够让我们的精神世界五彩斑斓、丰富多彩，也能从里面获得我们想要的精神信念。

哲学家赫尔岑告诉世人："书籍是最有耐心和最令人愉快的伙伴，在任何艰难困苦的时刻，它都不会抛弃你。"

当你陷入困境，读书可以给你改变的底气，推动你向更好的人生靠近。

很多时候，当我们陷入人生困境时，可以从书籍中寻找到精神力量的支撑，拥有改变现状的勇气与智慧，推动自己向着更好的未来砥砺前行。

当我们觉得自己不够优秀时，不妨让自己静下心来，沉浸到知识的海洋中去，去汲取里面无穷无尽的营养，主动反思、总结、沉淀、积累，不断努力去提升自己。

学习，能让人变得通达圆融，破除偏执狭隘的浅薄。

汉代文学家刘向曾说："书犹药也，善读者可以医其愚也。"观察身边的人不难发现，一个人的见识和读书的多少成正比关系。

读书少的人，遇事偏执，很容易钻牛角尖，动不动就会被困在自己的不良情绪里面。而有效的阅读，能让人获得为人处世的智慧，去除人们身上鄙吝顽腐的坏习气，打破思维的禁锢，变得圆融、灵活。

因此，请别错误地将读书学习看作一件苦差事，人生没有白读的书，在持续不断的学习中，你所读过的每一本书、每一个文字，都能很好地帮你去除自身的浅薄和无知，让成长更富有积极的意义，让美好的未来触手可及。

学无止境，如何更好地去学

"书到用时方恨少。"学无止境，通过学习，可以开阔我们的眼界和胸襟，丰富充实内心的精神世界，所以千万不要停止学习，而要活到老，学到老。那么，我们如何更好地学习呢？

认清自己，理顺生活

持续学习

提起学习，人们常把校园求学视作一个学习的阶段，学业结束，学习生涯也就戛然而止。其实这是对学习狭隘的认知，真正的学习，不是学一阵，而是学一生，学习不仅在课堂上，还在课堂外，在学校内，更在社会上。走出校门，并不意味着学习的终结，在工作岗位上，还要继续去学，这才是真正的学无止境。所以，要对学习有一个全面的认识，学习不是一个阶段，它有起点，却没有终点。

同时还应清楚的是，学习也不单单指对知识技能的掌握，它还包括人们对道德情操和精神境界的追求与提升，还有为人处世的情商和技巧，也需要我们在实践中去观察、学习、领悟。

培养自己的学习兴趣，将兴趣作为学习的动力

"知之者不如好之者，好之者不如乐之者。"从表面上看，学习不是一件容易的事情，不下一番苦功夫不行。实际上，学习也是一件富有乐趣的事情，在学习的过程中，我们不仅能收获知识的营养，同时在无声的文字阅读中，也是在和古今中外无数圣人先贤开展精神上的交流与对话，一旦能全身心地沉浸其中，就会乐在其中。

所以，我们在学习时要从学习的兴趣入手，做到苦中作乐。真正将学习看作一件快乐的事情，自然就能一直持续地学习下去。

第九章 取悦自己，不负人间

坚持不懈，注重点滴的积累

荀子在《劝学篇》中告诉大家："不积跬步无以至千里，不积小流无以成江海。"学习是一个点滴积累的过程，一步步来，一点点进步，最终实现从量变到质变的飞跃。

由此可知，学习不能急于求成，想要在短时间内一蹴而就是行不通的，它是一个长期坚持积累的过程，一旦半途而废，终将功败垂成。

所以，当我们认清了学习的方向，认定了学习的目标后，就要拿出顽强的精神意志，持之以恒地学下去。在勇攀学习的高峰时，不因为感到枯燥乏味而放弃，也不因为外界的诱惑而改弦易辙，而是沉心静气，始终不让自己有一丝半毫的松懈。

有好的学习态度，不可因骄傲自满而止步

在学习时，最忌骄傲自大，还未真正学到过硬的本领就志得意满，这是无知的表现，也会成为我们学习道路上最大的"拦路虎"。

著名的物理学家爱因斯坦，虽然在物理学上取得了伟大的成就，但他时常承认自己的"无知"。有一次，他给他的朋友和同事们写信，向他们请教一个物理上的问题，他在信中诚恳地表示，在解答问题时，要像对待一无所知的年轻学生一样对待自己。

学无止境，学无圆满，在学习时，我们应秉持"不知则问，不能则学"的谦虚态度，永远将学习看成终生的事业。

山川湖海，总要去看看

"读万卷书，行万里路。"这是一个从学习到实践的过程，也是一个让人的生命更加充盈的方式。当你走过万千山河，看过湖海林漠，你的视野会得到极大的拓宽，最终你走过的路，也必将成就你的大格局。

看一看山川湖海，人间值得

时下非常流行的一句话说："世界那么大，我想去看看。"这是一种和生活乐观相处的心态。我们的生命不长不短，刚好可以让每一个个体有时间去尽情欣赏眼前的世界，去品味远方无尽的风景。

所以，人生在世，如果有机会、有时间，应当从琐碎的日常生活中、从柴米油盐的平凡日子里解脱出来,去走一走、看一看,来一场轻松自在的旅行,看山川湖海、星辰大漠,去追寻我们曾期盼已久的诗和远方。

古人常说"仁者乐山,智者乐水"。古往今来,无数贤人雅士,都将内心丰富的情感寄托在山水之间,在山川自然之间,追寻心灵自由的脚步。

"山气日夕佳,飞鸟相与还"的陶渊明,"朝辞白帝彩云间,千里江陵一日还"的李白,"深林人不知,明月来相照"的王维,他们眼中的世界,是如此的绚烂多彩。

还有被誉为"至圣先师"的孔子,在周游列国时,弟子子贡曾询问孔子,为什么说"君子见大水必观焉"呢?孔子告诉子贡,水是君子品德的象征,代表着君子德、仁、义、勇、智五种品行,而水本身又充满灵动柔顺的特点,周游不息,圆柔通达,和那些具有大智慧的人身上的特性是相通的。

正因如此,仁者喜欢山的宁静沉稳,智者喜欢水的轻盈灵动,这是因为河海山川下的一景一物,长河落日中的壮观景象,都能和人的情感产生强烈的共鸣。在亲近大自然、融入广阔天地的同时,让心灵得到更好的净化和升华,从而和灵魂深处的另一个自己相遇。

看一看山川湖海,人间值得。有自由身的我们,又何苦非要被世俗束缚阻挡呢?一个有趣且充满诗意的人生,一半是人间烟火,一半是风花雪月。当双脚行走在旅行的路途上,随处可见生机与美好,路边不知名的野花迎风怒放的娇艳令人沉醉,嫩绿的柳芽摇曳垂摆的身姿亦引人遐思。

当你活得洒脱自由,世界也会对你温柔以待,这一切,正是旅行的意义。

爱生活，爱自己，随心情出发

我们常常穷其一生，去探求生命的真实内涵，想要让人生变得更美好，也想在不远的地方遇到更好的自己。事实上，生命的意义和生命的美好都蕴藏在生活中的每一个细节中，比如读书、旅行以及爱自己。

当人生感到迷茫时，请随心情出发

很多时候，生活中的我们走着走着，无形中好似失去了前行的方向，不知道该何去何从。当情绪处于低谷时，或者感觉被琐碎的忙碌羁绊，那么就请放下沉重的思想包袱，换一种心情出发，让大自然的美景去洗涤我们的心灵，为我们下一步的前行积蓄更为充沛的能量。

生命是用来体验的，要知道精彩永远在路上，当心情疲惫时，走出去看一看，看看远方的世界，你会发现山川自然才是人间最美的风景，身处一路都是美景的旅途中，你所有的委屈和不快，包括种种不如意，将会被大漠的风沙、草原的月光清理得干干净净、了无痕迹。

给自己充足的时间和足够的勇气,带着美好出发

很多人都为自己设定了许许多多的目标,然而无论哪一种目标,其实都是为了让自己拥有更多的美好,成为更好的自己。

行走在路上,我们会渐渐明白,人生可供选择的路径有许多。努力去发现,就会清楚地认识到自己想要得到的是一种什么样的生活,也会明白原来在这个世界上,还有无数的美好等待着我们去挖掘。内心喜悦而充实,精神丰盈而自由,才是最好的取悦自己和爱自己的方式。

在路上不断提升自己

一个人的格局、视野和气质,都藏在我们读过的书以及走过的路上。行走在路上时,请放缓前行的脚步,慢慢走,慢慢看,用心去观察身边美好的景物,领略各地不同的风土人情。在以后的岁月里,这些见闻和阅历也自然会在时光的酝酿下慢慢发酵,成为打开格局与胸襟的钥匙。

在路上,受美景的熏陶,其实也是对我们心境的一种淬炼。从四季走过,跋涉过高山荒漠,吹过草原的风,看过大海的浪,心胸将被打开,像天地一样开阔。

在路上,当你能彻底地放下过去,放下得失,和广阔的世界相拥时,你就会发现,我们不需要太在意过往的恩恩怨怨和成败得失,也不需要活成别人眼中的样子,平淡、从容、真实,才是自己真正需要的。

第九章　取悦自己，不负人间

所以，一定要抽时间去走走看看，去好好爱自己，追寻我们想要的自由生活，以及内心那一束明亮的光。也许前方还是荆棘密布，也许未来充满了新的希望，但无论前路如何，当无论面对坦途还是坎坷我们都无所畏惧时，我们就能拥有奋力奔跑的力量，真正地强大起来，终将和更好的自己相逢在人生的某一个瞬间。

参考文献

[1] [英]伯特兰·罗素.罗素论幸福[M].左安浦,译.南京:江苏凤凰文艺出版社,2021.

[2] 豆建,阎文蓉.漫话情绪管理[M].北京:中国经济出版社,2012.

[3] 梵基.溯源心理学[M].北京:新华出版社,2021.

[4] 冯志国.态度决定命运[M].北京:中华工商联合出版社,2016.

[5] 高品致.遇见幸福的你[M].北京:中央广播电视大学出版社,2012.

[6] 解春玲,龚平.推心置腹:心理学知识趣谈[M].上海:汉语大词典出版社,2001.

[7] 冷爱.冷眼观爱[M].北京:人民邮电出版社,2016.

[8] 李思圆.做一个能扛事的成年人[M].长沙:湖南文艺出版社,2021.

[9] 林贺.心理的秘密[M].北京:中国商业出版社,2013.

[10] 刘志则,白杨.时间管理[M].北京:台海出版社,2019.

[11] 路光远. 人文札记 [M]. 上海：学林出版社，2009.

[12] 潘裕民. 读书是最美好的事 [M]. 合肥：安徽文艺出版社，2016.

[13] 祈莫昕. 幸福的方法 [M]. 长春：吉林出版集团有限责任公司，2014.

[14] 芊君. 收起你的玻璃心，碎给谁看 [M]. 哈尔滨：北方文艺出版社，2019.

[15] 青杏. 青春里那些隐秘而伟大的小事 [M]. 北京：北京联合出版公司，2016.

[16] 文成蹊. 你一定要知道的心理常识全集 [M]. 北京：中国纺织出版社，2009.

[17] 夏婉约. 危情拯救：经营幸福生活的魔法 [M]. 宁波：宁波出版社，2010.

[18] 晓梦. 转身遇见你的寂寞 [M]. 北京：北京联合出版公司，2016.

[19] 杨洋. 我的人生本可以：一张逆转人生的魔力支票 [M]. 北京：人民邮电出版社，2018.

[20] 章金敏. 心灵地图：探索生命真谛的智慧之旅 [M]. 北京：中国发展出版社，2005.